Herbert Sauerborn
Abwicklungen und Durchdringungen
von Metall- und Kunststoffteilen

Springer-Verlag Berlin Heidelberg GmbH

Herbert Sauerborn

Abwicklungen und Durchdringungen von Metall- und Kunststoffteilen

Dritte, neubearbeitete und erweiterte Auflage

Mit 64 Abbildungen

Springer

Dipl.-Ing. Herbert Sauerborn, Mainz

Die ersten beiden Auflagen erschienen unter dem Titel:
Abwicklungen und Durchdringungen von Blech- und Massivteilen

ISBN 978-3-540-60832-5 ISBN 978-3-642-80120-4 (eBook)
DOI 10.1007/978-3-642-80120-4

CIP-Kurztitelaufnahme der Deutschen Bibliothek
Sauerborn, Herbert: Abwicklungen und Durchdringungen von Blech- und
Massivteilen / Herbert Sauerborn. – 3., neubearb. und erw.
Aufl. – Berlin ; Heidelberg ; New York ; London ; Paris ;
Tokyo : Springer, 1996
ISBN 978-3-540-60832-5

Das Werk ist urheberrechtlich geschützt. Die dadurch begründeten Rechte, insbesondere die der Übersetzung, des Nachdruckes, der Entnahme von Abbildungen, der Funksendung, der Wiedergabe auf photomechanischem oder ähnlichem Wege und der Speicherung in Datenverarbeitungsanlagen bleiben, auch bei nur auszugsweiser Verwertung, vorbehalten. Die Vergütungsansprüche des § 54, Abs. 2 UrhG werden durch die „Verwertungsgesellschaft Wort", München, wahrgenommen.
© Springer-Verlag Berlin Heidelberg 1969, 1986 und 1996
Ursprünglich erschienen bei Springer-Verlag Berlin Heidelberg 1969,1986 und 1996
Die Wiedergabe von Gebrauchsnamen, Handelsnamen, Warenbezeichnungen usw. in diesem Werk berechtigt auch ohne besondere Kennzeichnung nicht zu der Annahme, daß solche Namen im Sinne der Warenzeichen- und Markenschutz-Gesetzgebung als frei zu betrachten wären und daher von jedermann genutzt werden dürften.

Einbandgestaltung: Struve & Partner, Heidelberg
Tektursatzarbeiten: Fotosatz-Service Köhler OHG, Würzburg
SPIN: 10525735   60/3020 – 5 4 3 2 1 0 – Gedruckt auf säurefreiem Papier

Vorwort zur dritten Auflage

Nichts ist beständiger als die vielen Veränderungen.
Nur sinnvolle Veränderungen führen zu Verbesserungen.

Die dritte erweiterte Auflage wurde verbessert, um das Grundsatzwissen über Werkstoffe zu vermitteln, aus denen „wir" auch Abwicklungen und Durchdringungen anfertigen sollten. Als vor 27 Jahren die erste Auflage dieses Buches erschien, waren einer der kurz erläuterten Kunststoffe noch nicht erfunden und ein anderer in Deutschland noch nicht herstellbar. Seit über 800 Jahren werden von Klempnern Nichteisen-Metalle zum Decken von Dächern und Türmen verwendet. In den Industriebetrieben kamen zunächst vor allem verzinkte Stahlbleche auf Dächern, sowie aus Stahlblech hergestellte Stahlrohre großen Durchmessers für Abgasleitungen zum Einsatz. Inzwischen wurden Kunststoffe entwickelt, die ähnlich wie Nichteisenmetalle, sehr beständig gegenüber vielen Chemikalien sind. Wir sollten daher den chemischen Apparatebau mit unseren Metall- und Kunststoffteilen beliefern.

Recycling, die Wiederverwendung von Abfällen als Rohstoffe für die Herstellung neuer Produkte, ist bei Metallblechen über 800 Jahre alt. Es ist an der Zeit, daß sortenreiner Abfall von Kunststoffen vergütet wird, um zur Entlastung unserer Kalkulation beizutragen.

Mainz, im Mai 1996 **Herbert Sauerborn**

Vorwort zur zweiten Auflage

Die Neuauflage wurde um drei schwierige Abwicklungen und fünf Raumwinkel aus dem Rohrleitungsbau erweitert, da Fragen nach den Lösungswegen für diese Aufgabenstellungen häufiger gestellt worden waren. Somit sind alle in der Betriebspraxis vorkommenden Abwicklungen und Durchdringungen im Buch aufgenommen.

Um die 58 Abwicklungen noch schneller finden zu können, wurde neben dem Inhaltsverzeichnis noch ein „Bildverzeichnis" aufgenommen.

Durch die Einführung von Computer Aided Design (CAD) in die Konstruktion und Computer Aided Manufacturing (CAM) in die Fertigung ist das dritte Kapitel mit den rechnerischen Abwicklungsmethoden noch aktueller geworden. Allen Durchdringungen müssen exakte geometrische Körper zugrunde liegen, damit die Abwicklungen genau errechnet werden können.

Ein CAD/CAM-System für Abwicklungen und Durchdringungen muß folgendes übernehmen:

– Generierung der geometrisch exakten Durchdringungskörper
– interaktives Ermitteln der Abwicklungen am Bildschirm
– Schachtelung der abgewickelten Teile am Bildschirm mit dem Ziel der Verschnittminimierung
– Ausgabe der NC-Lochstreifen oder
– Steuerung der NC-Blechbearbeitungs- und NC-Brennschneidmaschinen
– Steuerung der NC-Laserschneidmaschinen für Stahl- und Kunststoffteile

Die Bewegungen der NC-Blechbearbeitungs- und Laserschneidmaschinen sowie die Kunststoff- und Blechtafeln sind 2-dimensional; daher genügt auch ein 2 D/CAD-System. Dafür sollte aber die Verknüpfung von CAD mit CAM unbedingt schon in der ersten Ausbaustufe erfolgen.

Für die Einführung von CAD/CAM bei Abwicklungen und Durchdringungen ist das vorliegende Buch wegen seiner Exaktheit bestens geeignet.

Mainz, im Mai 1986 **Herbert Sauerborn**

Vorwort zur ersten Auflage

Das vorliegende Buch ist in 3 Kapitel eingeteilt. Im ersten Kapitel werden die aus Blech hergestellten Abwicklungen behandelt. Die genaue Beschreibung des Abwicklungsvorganges ist für Lehrlinge und Studenten gedacht, die zum ersten Male einen bestimmten Körper abzuwickeln haben. Das Wesentlichste der genauen Beschreibung ist in Form einer kurzen Zusammenfassung den wichtigsten Abwicklungen beigefügt. Die kurze Erläuterung soll in Verbindung mit der Zeichnung dazu dienen, den mit der Materie bereits vertrauten Meistern und Ingenieuren das einmal Gelernte in kürzester Zeit wieder ins Gedächtnis zurückzurufen.

Bei vielen Abwicklungen wurden zwei Abwicklungsmethoden gegenübergestellt. Welche die bessere ist, kann nur von Fall zu Fall entschieden werden.

Im zweiten Kapitel sind die aus dem vollen Material hergestellten Durchdringungskörper beschrieben. Die hier aufgeführten 5 Beispiele können ohne Schwierigkeiten auf andere Durchdringungen übertragen werden.

Das dritte Kapitel ist ausschließlich für die Praxis bestimmt. Es erfordert gewisse Grundkenntnisse der Trigonometrie. Die „klassischen" Abwicklungsmethoden, wie sie im ersten Kapitel dargestellt und beschrieben sind, erfordern für den Mann der Praxis oft zuviel Zeit und meist auch zuviel Material. Das dritte Kapitel bietet daher dem geübten Konstrukteur unter Zuhilfenahme der rechnerischen Abwicklungsmethoden die Möglichkeit, mit einem Minimum an Zeitaufwand ein Maximum an Genauigkeit zu erreichen.

Das bedeutet jedoch nicht, daß man das erste Kapitel überspringen und sofort nach dem dritten Kapitel arbeiten soll. Wer in der Praxis Blechabwicklungen herzustellen hat, wird diese meist nach dem dritten Kapitel herstellen. Voraussetzung hierzu ist jedoch, daß die „klassischen" Abwicklungsmethoden nach dem ersten Kapitel vollkommen beherrscht werden.

Noch ein Wort zum Tonfall des Buches.

Das Wort „wir" wurde mit Absicht gewählt, weil es nicht so unpersönlich ist. Wir alle müssen ja gemeinsam die Abwicklungen herstellen. Der Konstrukteur, Anreißer, Schlosser, Schweißer, Klempner und nicht zuletzt der Student an einer Ingenieurschule, alle arbeiten gemeinsam an einer Abwicklung. Lassen Sie mich bitte dabei sein, wenn wir zusammen arbeiten.

Möge sich mit Hilfe dieses Buches alles gut „durchdringen" und „abwickeln" lassen.

Mainz, im Frühjahr 1969 **Herbert Sauerborn**

Inhaltsverzeichnis

I. Abwicklungen und Durchdringungen 8
   1. Zwölfkantiges Prisma 8
   2. Zylinder 10
   3. Schräg abgeschnittenes Vierkant 12
   4. Schräg abgeschnittenes Rohr 14
   5. Durchdringung zweier Rohre gleichen Durchmessers unter einem beliebigen Winkel 16
   6. Durchdringung zweier Rohre verschiedenen Durchmessers unter einem Winkel von 90° . . . 18
   7. Durchdringung zweier Rohre verschiedenen Durchmessers unter einem beliebigen Winkel . 20
   8. Druchdringung gemäß Nr. 6 nach dem Kugelschnittverfahren 22
   9. Durchdringung gemäß Nr. 5 nach dem Kugelschnittverfahren 24
  10. Durchdringung gemäß Nr. 7 nach dem Kugelschnittverfahren 26
  11. Schräger Rohrabzweig mit gebrochenen Kanten (Zwickel ungenau) 28
  12. Schräger Rohrabzweig mit gebrochenen Kanten (Zwickel genau) 30
  13. Durchdringung eines Kegels mit einem Zylinder unter einem Winkel von 90° 32
  14. Durchdringung eines Kegels mit einem Zylinder unter einem beliebigen Winkel 34
  15. Rohr mit außermittig angeordnetem Stutzen 36
  16. Rohr mit außermittig angeordnetem Stutzen 38
  17. Durchdringung von Rohr und Vierkant (Durchmesser und Vierkantseite gleich groß) 40
  18. Durchdringung von Rohr und Vierkant (Vierkantseite kleiner als Durchmesser) 42
  19. Rohrkrümmer 90° 44
  20. Etagenbogen 46
  21. Übergangsstück bei Rohren verschiedenen Durchmessers 48
  22. Kegel 50
  23. Kegelstumpf 52
  24. Abgestumpfte Pyramide 54
  25. Abgestumpfte Pyramide ohne gemeinsamen Scheitelpunkt 56
  26. Behälter 58
  27. Abzughaube 60
  28. Abzughaube 62
  29. Kragen 64
  30. Einlaufkasten für zwei Rohre 66
  31. Übergangsstück bei Rohren verschiedenen Durchmessers 68
  32. Hosenstück 70
  33. Hosenstück 72
  34. Übergangsstück von Rund auf Vierkant 74
  35. Übergangsstück von Rund auf Vierkant 76
  36. Übergangsstück von Rund auf Vierkant 78

II. Durchdringungskurven an massiven Körpern 81
  37. Zylinder mit zwei Flächen 82
  38. Zylinder mit vier Flächen 84
  39. Gefrästes Stangenende 86
  40. Übergangsstück von Rund auf Rechteck 88
  41. Exzenter 90

III. Die rechnerische Ermittlung der Abwicklungen	93
42. Durchdringung zweier Rohre gleichen Durchmessers unter einem Winkel von 90°	94
43. Durchdringung zweier Rohre gleichen Durchmessers unter einem beliebigen Winkel	96
44. Schräger Rohrabzweig mit gebrochenen Kanten	98
45. Durchdringung zweier Rohre verschiedenen Durchmessers unter einem Winkel von 90°	101
46. Durchdringung zweier Rohre verschiedenen Durchmessers unter einem beliebigen Winkel	102
47. Rohre mit außermittig angeordnetem Stutzen	104
48. Durchdringung von Rohr und Vierkant	106
49. Rohrkrümmer 90°	108
50. Kegel	110
51. Kegelstumpf	112
52. Schwach kegeliger Schuß	114
53. Übergangsstück bei Rohren verschiedenen Durchmessers	116
54. Hosenstück	122
55. Übergangsstück von Rund auf Vierkant	124
56. Kugelanschluß	128
57. Konischer Rohrkrümmer 90°	130
58. Übergangsstück von Rund auf Rechteck	132
Raumwinkel-Berechnungen	134
CAD-Abwicklungen und Durchdringungen	140
Metalle, Eigenschaften und Recycling	141
Bildverzeichnis	149
Sachverzeichnis	152

Nr. 1

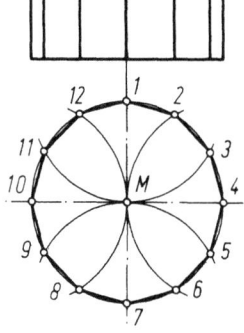

I. Abwicklungen und Durchdringungen

1. Zwölfkantiges Prisma

Um den Schnittpunkt M der senkrechten und waagerechten Mittellinie im Grundriß schlagen wir einen Kreis. In den Schnittpunkten des Kreises mit den Mittellinien liegen die Punkte 1, 4, 7 und 10. Um diese 4 Punkte schlagen wir je einen Kreisbogen mit der Zirkelöffnung des Radius. Hierdurch erhalten wir die Punkte 3, 11; 2, 6; 5, 9 und 8, 12. Es sind dies die Schnittpunkte des Kreises mit den einzelnen Kreisbögen. Die Punkte 1 bis 12 verbinden wir untereinander durch gerade Linien.

Wir haben uns somit den Grundriß von diesem zwölfkantigen Prisma aufgerissen. Über den Grundriß zeichnen wir noch den Aufriß mit seinen sieben sichtbaren Kanten.

Rechts neben den Aufriß wollen wir die Abwicklung zeichnen. Stellen wir uns einmal vor, das Prisma wäre massiv und wir hätten es mit Papier eingewickelt oder umwickelt. Das Papier sei so groß, daß es gerade von Punkt 1 bis wieder zurück zu Punkt 1 reicht. Den mit Papier umwickelten Körper legen wir nun auf die Fläche zwischen den beiden Punkten 1' und 2'. Nun kippen wir ihn über die Kante bei Punkt 2' und legen ihn auf die Fläche zwischen den Punkten 2' und 3' und so weiter, bis wir nach Punkt 12' wieder bei Punkt 1' angelangt sind. Dieser Vorgang ist aber weiter nichts als ein „Abwickeln" des Papieres vom massiven Körper. Das abgewickelte Papier selbst ist dann die „Abwicklung". Bei vorliegendem Prisma sowohl als auch bei allen anderen Abwicklungen aus dem ersten Kapitel handelt es sich nicht um massive Körper, sondern um Hohlkörper. Diese Hohlkörper werden ausschließlich aus Blech der verschiedensten Materialien hergestellt. Daher werden alle Abwicklungen aus Blech hergestellt. Es wäre allerdings sehr zu empfehlen, besonders in Zweifelsfällen, zuerst eine Abwicklung aus Papier bzw. Karton herzustellen und dann erst die aus Blech.

Wie wird nun die Abwicklung gezeichnet? Zuerst reißen wir die linke senkrechte Kante bei Punkt 1' auf. Aus dem Aufriß entnehmen wir die Höhe des Körpers und zeichnen die obere und untere Abschlußkante als waagerechte Linien. Auf der unteren Waagerechten stecken wir nun mit dem Steckzirkel (das ist der Zirkel mit den zwei Stahlspitzen) nacheinander die Entfernungen 1 bis 2, 2 bis 3 ··· 11 bis 12 und 12 bis 1 ab. Da aber alle 12 Seiten des Grundrisses gleich groß sein müssen, genügt es, wenn wir z. B. die Entfernung zwischen den Punkten 2 bis 3 in den Zirkel nehmen und diese zwölfmal auf der Waagerechten abtragen. Wir erhalten hierdurch die Punkte 1', 2', 3'···11', 12' und 1'. In diesen Punkten errichten wir die senkrechten Mantellinien, welche zugleich die Körperkanten darstellen.

Sollte das zwölfkantige Prisma einen Boden oder Deckel erhalten, so müssen wir noch ein oder zwei Bleche herrichten von der Form und Größe des Grundrisses.

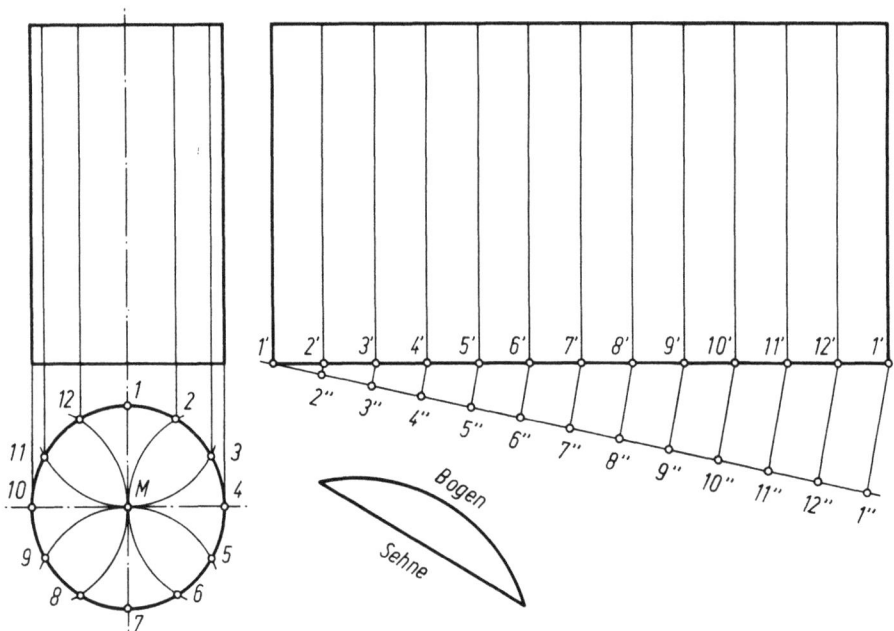

2. Zylinder

Im Schnittpunkt der senkrechten und waagerechten Mittellinie des Grundrisses liegt Punkt M. Um diesen Mittelpunkt M schlagen wir einen Kreis von der Größe des gegebenen Durchmessers. Diesen Kreis teilen wir in 12 gleiche Teile, indem wir mit der Zirkelöffnung des Radius um die Punkte 1, 4, 7 und 10 Kreisbögen schlagen. Diese Bögen bringen wir zum Schnitt mit dem Kreis und erhalten die Punkte 3, 11; 2, 6; 5, 9 und 8, 12. Diese Einteilung eines Kreises in 12 gleich große Teile nennen wir in allen nachfolgenden Abwicklungen die „Zwölferteilung".

Wir könnten auch eine andere Einteilung wählen, z. B. 8, 16, 32 oder 24 Teile. Die Zwölferteilung ist jedoch die günstigste, weil sie geometrisch genau mit dem Zirkel gezeichnet werden kann. Lediglich bei sehr großen Durchmessern sollten wir eine 24er- oder eine 32er-Teilung bevorzugen, da hierdurch die Entfernungen der einzelnen Mantellinien untereinander kleiner werden und somit die Abwicklung genauer wird.

Anschließend zeichnen wir den Aufriß mit seinen Mantellinien. Wir erhalten sie, indem wir von den Punkten 10, 11, 12, 1, 2, 3 und 4 aus senkrechte Linien in den Aufriß ziehen. Diese Linien nennt man auch „Projektionslinien". Wir könnten es auch noch folgendermaßen ausdrücken: Wir „projizieren" die Punkte 10 bis 12 und 1 bis 4 in den Aufriß und erhalten somit die Mantellinien.

Stellen wir uns nun vor, der Zylinder wäre massiv und mit Papier umwickelt, welches gerade von der Mantellinie 1 bis wieder zurück zur Mantellinie 1 reichen würde, also gerade so groß wie der Umfang wäre. Würden wir dann die umwickelte Walze mit ihrer Mantellinie 1 auflegen und nach rechts wegrollen, so hätten wir nachher das abgewickelte Papier, d. h. also die „Abwicklung" vor uns liegen.

Wir wollen nun diese Abwicklung zeichnen und legen uns den Punkt 1' der linken Seite fest. Von ihm aus ziehen wir eine waagerechte Linie nach rechts. Nun wird sehr oft ein kleiner Fehler gemacht. Man nimmt fälschlicherweise die Entfernung zwischen den Punkten 1 und 2 in den Zirkel und trägt diese zwölfmal auf der waagerechten Linie ab und errichtet in den gefundenen Punkten Mantellinien.

Was man auf diese Weise abgewickelt hat ist kein Zylinder, sondern ein zwölfkantiges Prisma, dessen Beschreibung bereits in der vorhergehenden Nummer erfolgte.

Was für ein Fehler wird hierbei begangen? Man wickelt eine gerade Strecke und nicht den Bogen zwischen zwei Punkten ab. Die gerade Strecke, man nennt sie Sehne, ist aber kürzer als der Bogen. Dies ist aus der Zeichnung klar ersichtlich. Der Umfang des Zylinders ist $U = D \cdot 3{,}14$, der Umfang vom zwölfkantigen Prisma ist $U = D \cdot 3{,}1$. Hieraus ersehen wir die Größe des Fehlers. Bei kleinem Durchmesser ist er allerdings sehr gering. Doch betrachten wir uns einmal ein Rohr von 1 000 mm⌀. Sein Umfang beträgt $1\,000 \cdot 3{,}14 = 3\,140$ mm. Bei falscher Abwicklung erhalten wir einen Umfang von nur $1\,000 \cdot 3{,}1 = 3\,100$. Die Abwicklung wäre also immerhin um 40 mm zu kurz. (Im Rohrleitungsbau sind Rohre von einem Meter Durchmesser keine Seltenheit.) Außerdem ist darauf zu achten, daß wir beim Errechnen des Umfangs den mittleren Durchmesser mit 3,14 malnehmen. Der mittlere Durchmesser ist gleich Innendurchmesser + Blechstärke oder Außendurchmesser − Blechstärke.

Wie wird nun der Zylinder richtig abgewickelt? Zunächst errechnen wir uns in jedem Falle den Umfang, dann zeichnen wir den Umriß der Abwicklung. Dieser ergibt bei einem Zylinder immer ein Rechteck. Nun wollen wir diese Abwicklung noch mit den Mantellinien versehen. Hierfür müßten wir also den Umfang in 12 gleich große Teile teilen. Dies könnten wir rechnerisch machen, aber − − −! Der Umfang hat schon ein ungerades Maß, und dies nochmals durch 12 geteilt ergibt erst recht ein noch krummeres.

Wir werden daher den Umfang geometrisch in 12 gleich große Teile teilen. Zu diesem Zwecke zeichnen wir von Punkt 1' ausgehend eine schräge Linie zur Unterkante. Auf dieser tragen wir zwölfmal ein und dieselbe Strecke ab. Für diese Arbeit wählen wir am besten einen Steckzirkel. (Das ist der mit den zwei Stahlspitzen.) Die Größe dieser zwölfmal abzutragenden Strecke wählen wir ungefähr so wie die Entfernung zwischen den Punkten 1 und 2. Es kommt nicht auf die Größe dieser Stecke noch auf die Lage oder den Winkel der Schrägen an. Den zwölften Punkt der Schrägen, in unserem Falle Punkt 1'', verbinden wir durch eine Linie mit dem rechten Endpunkt 1' der Abwicklung.

Parallel zu dieser Linie ziehen wir in allen übrigen Punkten der Schrägen ebenfalls Linien. Dort, wo sich diese parallelen Linien mit der Unterkante der Abwicklung schneiden, entstehen die Punkte 1', 2' ··· 11' 12' und 1'. In diesen Punkten errichten wir die senkrecht stehenden Mantellinien.

Die soeben beschriebene geometrische Teilung der Abwicklung sowie das Einzeichnen der Mantellinien sollten wir bei allen nachfolgenden Arbeiten anwenden. Daher wird bei den Rohrabwicklungen immer wieder auf vorliegende Aufgabe Nr. 2 hingewiesen. Dies gilt auch in besonderem Maße für das Anreißen der Mantellinien auf die Bleche in der Werkstatt.

Nr. 3

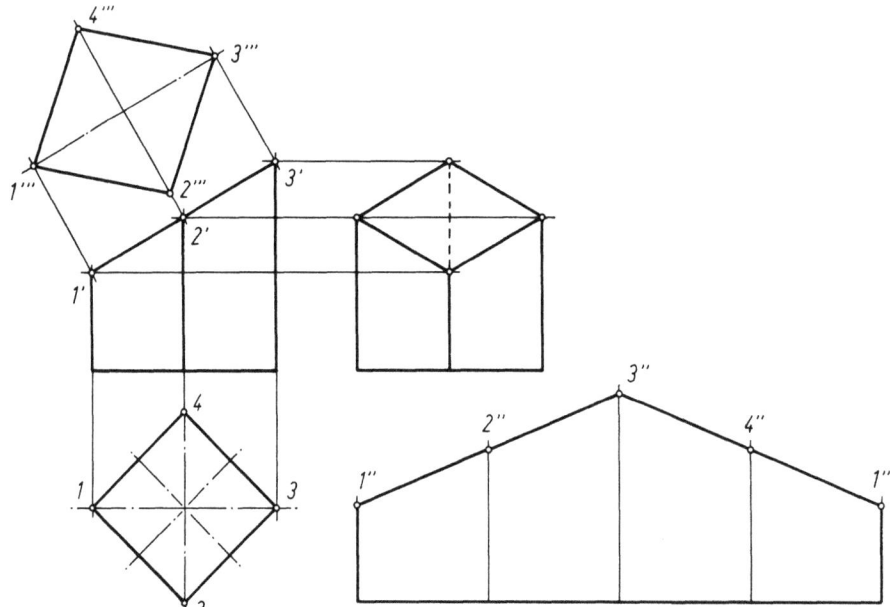

3. Schräg abgeschnittenes Vierkant

Wir zeichnen zuerst den Grundriß und daran anschließend den Auf- und Seitenriß. Der Seitenriß ist für die Abwicklung nicht erforderlich.

Um die Abwicklung des Vierkantes zu ermitteln, zeichnen wir uns zunächst die Grundlinie hin. Auf dieser tragen wir viermal die Seitenlänge ab. Diese greifen wir mit dem Steckzirkel im Grundriß zwischen den Punkten 1 und 2 ab. In den vier markierten Stellen bzw. Punkten auf der Grundlinie sowie dem Ausgangspunkt zeichnen wir senkrecht zur Grundlinie je eine Mantellinie ein.

Auf der linken Mantellinie tragen wir nun von der Grundlinie aus den Punkt $1''$ an. Diese Entfernung entnehmen wir mit dem Steckzirkel aus dem Aufriß, und zwar ebenfalls von der Unterkante des Vierkantes bis zum Punkt $1'$. Um auf der zweiten Mantellinie Punkt $2''$ abtragen zu können, nehmen wir die Entfernung zwischen Punkt $2'$ und der Unterkante des Vierkantes in den Zirkel. Auf der mittleren Mantellinie ist die Strecke zwischen Punkt $3''$ und der Grundlinie gleich der Strecke zwischen Punkt $3'$ und der Unterkante des Vierkantes im Aufriß. Die Punkte $4''$ und $1''$ auf der rechten Seite der Abwicklung liegen in derselben Höhe wie die Punkte $2''$ und $1''$ der linken Seite. Die Punkte $1''$ bis $4''$ verbinden wir untereinander mit geraden Linien. Wenn wir genau gezeichnet haben, bilden die beiden Linien $1''$ bis $2''$ und $2''$ bis $3''$ gemeinsam eine Gerade.

Nun wollen wir noch die wahre Größe der schrägen Deckfläche ermitteln. In den Punkten $1'$, $2'$ und $3'$ zeichnen wir im rechten Winkel zur Oberkante drei Hilfslinien. Die Mittellinie zeichnen wir in beliebiger Entfernung parallel zur schrägen Oberkante. Von dieser Mittellinie aus tragen wir auf der ersten Hilfslinie in Punkt $2'$ die Punkte $2'''$ und $4'''$ an. Diese Entfernungen greifen wir im Grundriß ab, und zwar vom Mittelpunkt aus bis zu den Punkten 2 und 4. Die Punkte $1'''$ und $3'''$ liegen im Schnittpunkt zwischen der Mittellinie und den Hilfslinien in Punkt $1'$ und $3'$. Die Punkte $1'''$, $2'''$, $3'''$, $4'''$ und $1'''$ verbinden wir mit geraden Linien, welche uns die Form und Größe der schrägen Deckfläche umgrenzen.

Nr. 4

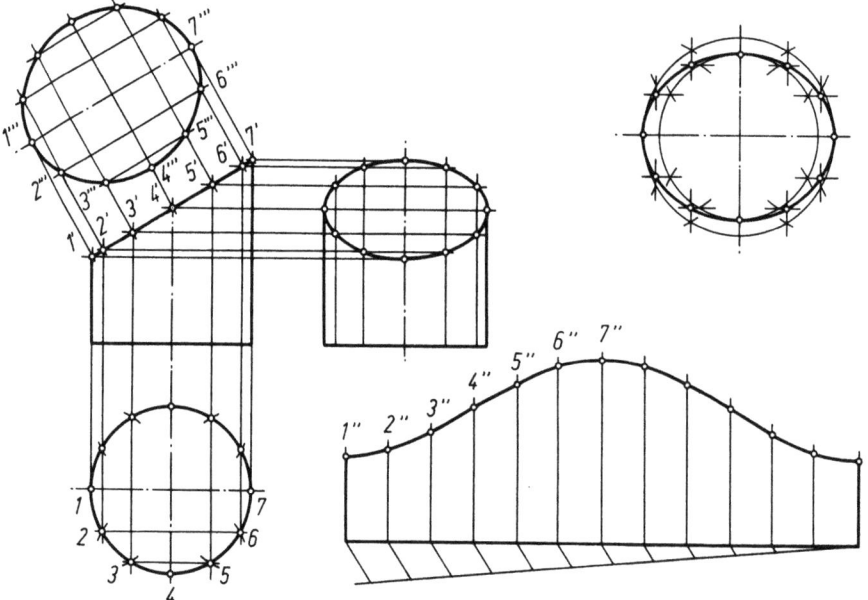

4. Schräg abgeschnittenes Rohr

Zu Beginn versehen wir den Grundriß mit der „Zwölferteilung" und zeichnen im Aufriß die Mantellinien ein. Hierdurch erhalten wir die Punkte 1 bis 7 sowie 1' bis 7'. Der Seitenriß wird für die Abwicklung nicht benötigt und könnte daher weggelassen werden.

Anschließend errechnen wir uns den Umfang des Rohres und teilen ihn „geometrisch" in 12 gleich große Teile und zeichnen die Mantellinien ein. Dies geschieht in derselben Weise wie bei Abwicklung Nr. 2. Nun nehmen wir nacheinander die Entfernungen zwischen der Unterkante des Rohres im Aufriß und den Punkten 1' bis 7' in den Zirkel und tragen sie auf den entsprechenden Mantellinien der Abwicklung ab. Somit erhalten wir die Punkte 1" bis 7", welche wir untereinander mit einem Kurvenzug verbinden.

Es könnte nun vorkommen, daß an die schräg abgeschnittene Seite des Rohres ein Blech angebracht werden soll. Zu diesem Zwecke müssen wir die wahre Größe dieser Fläche ermitteln. Senkrecht zur oberen schrägen Abschlußkante ziehen wir in den Punkten 1' bis 7' Linien schräg nach oben. Parallel zur Linie 1' bis 7' zeichnen wir in beliebiger Entfernung die Mittellinie ein. Von dieser ausgehend tragen wir nach beiden Seiten die „Projektion der Zwölferteilung" an und zeichnen die entsprechenden Linien ein.

Was ist die Projektion der Zwölferteilung? Bei Abwicklung Nr. 2 war schon einmal die Rede von „Projektionslinien". Nun, es ist weiter nichts als die Entfernung von der Mittellinie bis Punkt 6 oder Punkt 5! Die Schnittpunkte 1''' bis 7''' können wir entsprechend der Zeichnung eintragen. Die gefundenen Punkte verbinden wir wiederum mit einem Kurvenzug.

Betrachten wir uns z. B. einmal Punkt 6'''. Er kann nur auf der Linie in Punkt 6' liegen. Im Grundriß liegt Punkt 6 auf der ersten Projektionslinie von der Mittellinie 1 bis 7 aus gesehen. Also muß Punkt 6''' auch auf der ersten Projektionslinie liegen.

Die wahre Größe der Deckfläche muß in der Praxis sehr oft ermittelt werden. Daher soll noch eine zweite Methode erläutert werden, mit deren Hilfe die Deckfläche sehr schnell und sehr genau festgelegt werden kann. Die entsprechende Zeichnung ist oben rechts abgebildet.

Um ein und denselben Mittelpunkt wird ein Kreis vom Rohrdurchmesser sowie ein Kreis vom Durchmesser der oberen schrägen Abschlußkante geschlagen, d. h. mit dem Radius der Entfernung zwischen den Punkten 4' und 7'. Beide Kreise werden mit der Zwölferteilung versehen. Von diesen Punkten des großen Kreises aus zeichnen wir parallel zur kleinen Achse Linien nach innen. Parallel zur großen Achse ziehen wir von den Punkten der Zwölferteilung des kleinen Kreises Linien nach außen.

Die Parallelen zur großen Achse entsprechen der Projektion der Zwölferteilung des Rohres. Die Parallelen zur kleinen Achse entsprechen den senkrecht zur schrägen Abschlußkante im Aufriß eingezeichneten Linien.

Nr. 5

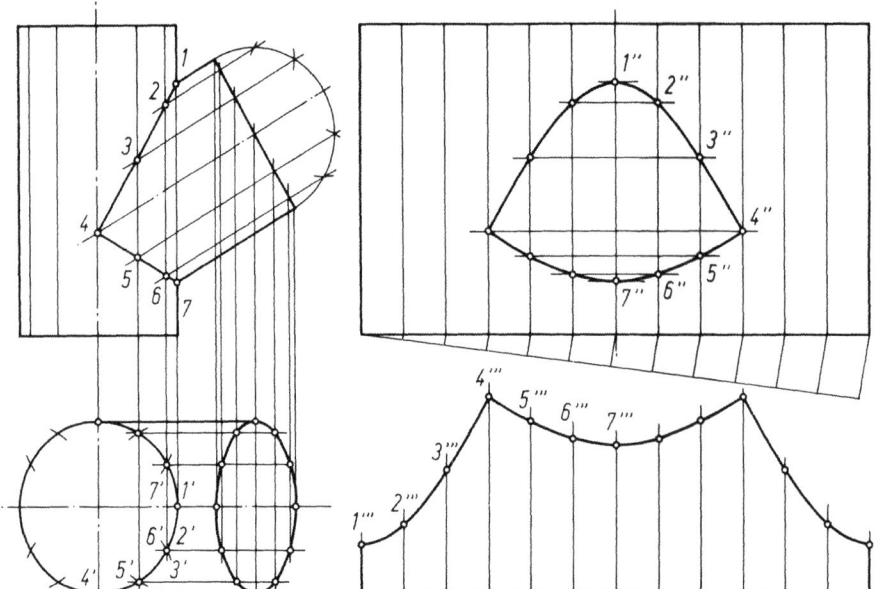

5. Durchdringung zweier Rohre gleichen Durchmessers unter einem beliebigen Winkel

Zunächst sind der Auf- und Grundriß mit seinen Mittellinien und Körperkanten zu zeichnen. Dann wird das schräg abzweigende Rohr in zwölf gleiche Teile geteilt. Wie aus der Zeichnung ersichtlich genügt es, einen Halbkreis zu schlagen und diesen mit einer Sechserteilung zu versehen. In den entstandenen Schnittpunkten ziehen wir Parallele zur schrägen Mittellinie.

Nachdem wir den Grundriß mit der halben Zwölferteilung versehen haben, zeichnen wir auch dort die Mantellinien des schräg abzweigenden Rohres ein. Wenn man den Körper in den Grundriß klappt, so erscheinen die schräg verlaufenden Mantellinien jetzt waagerecht als Parallele von der Mittellinie. Dort, wo die Mantellinien im Grundriß den Kreis durchdringen, ist ein Schnittpunkt beider Rohre, denn die Punkte 1' bis 7' können ja nur auf der Oberfläche des durchgehenden Rohres liegen und diese Oberfläche erscheint im Grundriß als Kreis.

In den doppelten Punkten 3', 5' und 2', 6' ziehen wir senkrechte Linien bis zum Aufriß. Wo sich nun diese Linien mit den schrägen Mantellinien schneiden, entstehen die Schnittpunkte 1 bis 7 im Aufriß.

Die beiden Kurvenzüge 1 bis 4 und 4 bis 7 müssen gerade Linien ergeben. Wir haben hier also wieder einmal Gelegenheit, uns in bezug auf genaues Zeichnen selbst zu kontrollieren. Um die Durchdringungskurve zu ermitteln, würde also im vorliegenden Falle das Zeichnen des Aufrisses genügen.

Der Einfachheit halber zeichnen wir beide Abwicklungen genau untereinander. Die Abstände der Mantellinien ermitteln wir uns wieder so, wie es bereits in Nr. 2 beschrieben wurde (Umfang ausrechnen und aufzeichnen, auf schräger Linie mit dem Steckzirkel 12 gleich große Teile abtragen, 12. Punkt mit dem Endpunkt der Abwicklung verbinden und Parallelen ziehen!).

Von der Unterkante des durchgehenden Rohres aus nehmen wir jeweils die Entfernung bis zu den Punkten 1 bis 7 aus dem Aufriß in den Steckzirkel und tragen sie in der Abwicklung von der Unterkante aus ab. In diesen Punkten ziehen wir Waagerechte. Die Linienführung des Kurvenzuges 1'' bis 7'' ist aus der Darstellung klar ersichtlich.

In derselben Art wird auch das abzweigende Rohr abgewickelt. Die einzelnen Mantellinien erscheinen im Aufriß in ihrer wahren Länge und können also dort als Entfernung zwischen den Punkten 1 bis 7 und der Abschlußkante des abzweigenden Rohres entnommen werden. Diese Strecken tragen wir von der Unterkante aus auf den entsprechenden Mantellinien ab. Hierdurch erhalten wir die Punkte 1''' bis 7''', welche wir miteinander verbinden und somit den gesuchten Kurvenzug erhalten.

Abschließend sei darauf hingewiesen, daß die vorliegende Durchdringung höchst selten abgewickelt wird. In der Praxis wird man meistens zwei Rohre nehmen und diese entsprechend ein- bzw. abschneiden.

Nr. 6

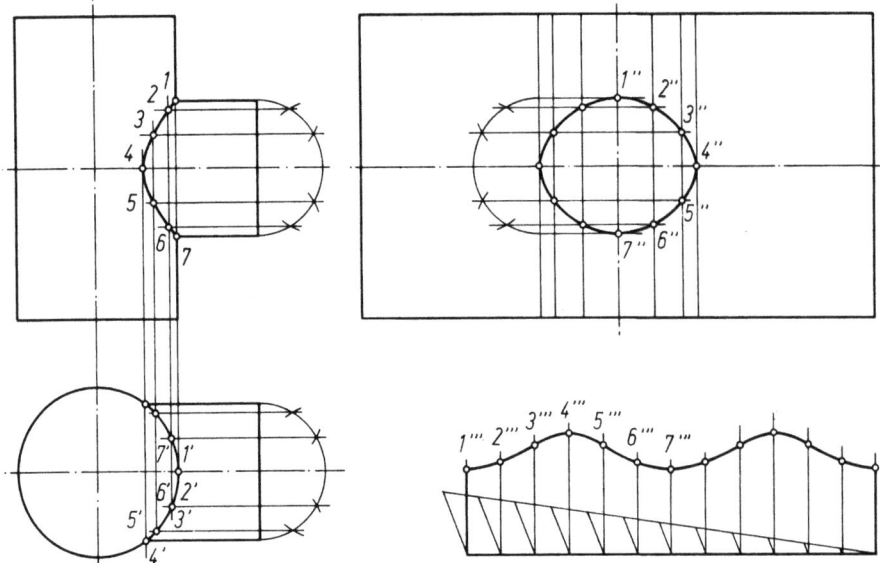

6. Durchdringung zweier Rohre verschiedenen Durchmessers unter einem Winkel von 90°

Wenn durch ein Werkstück ein anderes Werkstück hindurchgesteckt wird, so spricht man von einer „Durchdringung". Sie ist im Grunde genommen weiter nichts als eine Abwicklung von zwei Körpern. Im vorliegenden Falle haben wir eine rechtwinkelige Rohrabzweigung, d. h., das kleine Rohr durchdringt das große.

Nachdem wir den Auf- und Grundriß gezeichnet haben, teilen wir das kleine Rohr in 12 gleiche Teile und zeichnen die Mantellinien. In den Punkten $1'$ bis $4'$ ziehen wir Senkrechte nach oben bis zum Schnitt mit den Mantellinien im Aufriß. Wo sich die zueinandergehörigen Linien schneiden, ist ein Punkt der Durchdringungskurve. Die Punkte 1 bis 7 sind untereinander zu verbinden. Wenn wir seitlich gegen ein solches T-Stück schauen, sehen wir immer diesen Kurvenzug.

Bei der Abwicklung des großen Rohres errechnen wir uns den Umfang und erhalten als äußere Umgrenzung ein Rechteck. Dieses wollen wir nun zunächst mit seinen Mittellinien aufreißen. Die Entfernungen, welche die senkrechten Mantellinien untereinander haben, entsprechen jeweils den Abständen der Punkte $1'$ bis $2'$, $2'$ bis $3'$ und $3'$ bis $4'$ im Grundriß.

Wenn wir diese Strecken mit dem Steckzirkel abgreifen, nehmen wir die Sehne und nicht den Bogen in den Zirkel (siehe hierzu Nr. 2). Um für die Abwicklung die Entfernung des Bogenstückes zu erhalten, müssen wir die Zirkelöffnung also ein klein wenig größer wählen als z. B. die gerade Entfernung der Punkte $1'$ bis $2'$.

Die Abstände der waagerechten Mantellinien von der waagerechten Mittellinie sind genau so groß wie im Aufriß die Abstände der Mantellinien des kleinen Rohres von ihrer Mittellinie. Diese Entfernungen greifen wir am besten an der geraden Abschlußkante des kleinen Rohres ab. In welchen Schnittpunkten der waagerechten und senkrechten Mantellinien die Punkte $1''$ bis $7''$ liegen, ist aus der Zeichnung klar ersichtlich. Diese Punkte verbinden wir mit einem Kurvenzug und haben somit den Ausschnitt im durchgehenden Rohr ermittelt.

Um das kleine Rohr abwickeln zu können, zeichnen wir uns zunächst den Umfang, den wir uns errechnen müssen. Die gerade Abschlußkante ist jetzt (gemäß Nr. 2) in 12 gleiche Teile zu teilen, um so die senkrechten Mantellinien zu erhalten. Die Entfernungen der Punkte $1'''$ bis $7'''$ von der Unterkante der Abwicklung entnehmen wir dem Grundriß als Abstand zwischen den Punkten $1'$ bis $4'$ und der Abschlußkante des abzweigenden Rohres. Die Punkte $1'''$ bis $7'''$ verbinden wir untereinander mit einem Kurvenzug und erhalten somit die Abwicklung des Rohrabzweiges.

Nr. 7

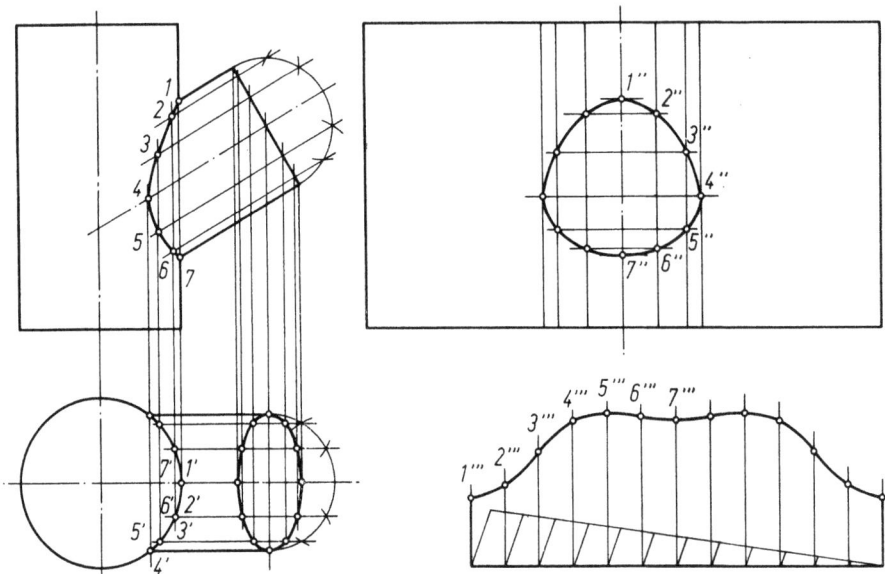

7. Durchdringung zweier Rohre verschiedenen Durchmessers unter einem beliebigen Winkel

Der kleine Rohrstutzen wird im Auf- und Grundriß mit der Zwölferteilung sowie mit den Mantellinien versehen. Dort, wo sich die Mantellinien im Grundriß mit der Manteloberfläche des großen Rohres (mit dem Kreis) schneiden, entstehen die Punkte 1' bis 4' sowie 5' bis 7'.

Von diesen Punkten aus ziehen wir Senkrechte in den Aufriß. Dort, wo sie sich mit den schräg verlaufenden Mantellinien des abzweigenden Rohres schneiden, erhalten wir die Punkte 1 bis 7, welche wir mit einem Kurvenzug untereinander verbinden.

Wie haben wir nun diese Durchdringungskurve gefunden?

Den Rohrabzweig teilten wir im Aufriß in 12 Teile und erhielten somit 12 Mantellinien. Dies ist eine willkürliche Annahme. Wir könnten auch eine 8er- oder 16er-Teilung wählen. Wir haben also bestimmt, daß irgendwo auf jeder der 12 schrägen Mantellinien ein Durchdringungspunkt liegen soll. Diese 12 Mantellinien sind auch im Grundriß sichtbar. Dieselben durchdringen hier an ganz bestimmten Stellen die Oberfläche des durchgehenden Rohres. Diese Stellen sind Punkte der Durchdringungskurve. Diese Punkte projizieren wir in den Aufriß. Die gemeinsamen Punkte 3' und 5' des Grundrisses z. B. können im Aufriß irgendwo auf der senkrechten Linie zwischen Ober- und Unterkante liegen. Sie müssen aber, wie wir uns schon vorher überlegten, auch auf den Mantellinien des kleinen Rohres liegen. Wo sich also im Aufriß die senkrechte Mantellinie der gemeinsamen Punkte 3' und 5' mit der schrägen Mantellinie 3 bzw. 5 schneidet, müssen die Punkte 3 bzw. 5 liegen.

In der Abwicklung des durchgehenden Rohres müssen wir zuerst die senkrechten Mantellinien von der senkrechten Mittellinie aus nach beiden Seiten einzeichnen. Die Entfernungen, welche diese Linien untereinander einnehmen, greifen wir im Grundriß ab. Es sind dies die Strecken zwischen den Punkten 1' bis 2', 2' bis 3' und 3' bis 4' (auch diesesmal ist wieder das Problem Sehne und Bogen aus Nr. 2 zu beachten).

Die Abstände der waagerechten Mantellinien bis zur Unterkante der Abwicklung sind genauso groß wie die Entfernungen der Punkte 1 bis 7 zur Unterkante des durchgehenden Rohres im Aufriß. Die Schnittpunkte der entsprechenden senkrechten und waagerechten Mantellinien ergeben die Punkte 1" bis 7". Wir verbinden diese Punkte mit einem Kurvenzug und erhalten somit den Ausschnitt dieser Abwicklung.

Die Längen der Mantellinien des abzweigenden Rohres können wir im Aufriß als Entfernung der Abschlußkante zu den Punkten 1 bis 7 abgreifen. Diese Abstände tragen wir auf den entsprechenden senkrechten Mantellinien des Rohrabzweiges von der Unterkante aus an. Wir erhalten hierdurch die Punkte 1''' bis 7''', welche wir untereinander mit einem Kurvenzug verbinden. Somit haben wir das kleine, abzweigende Rohr abgewickelt.

Nr. 8

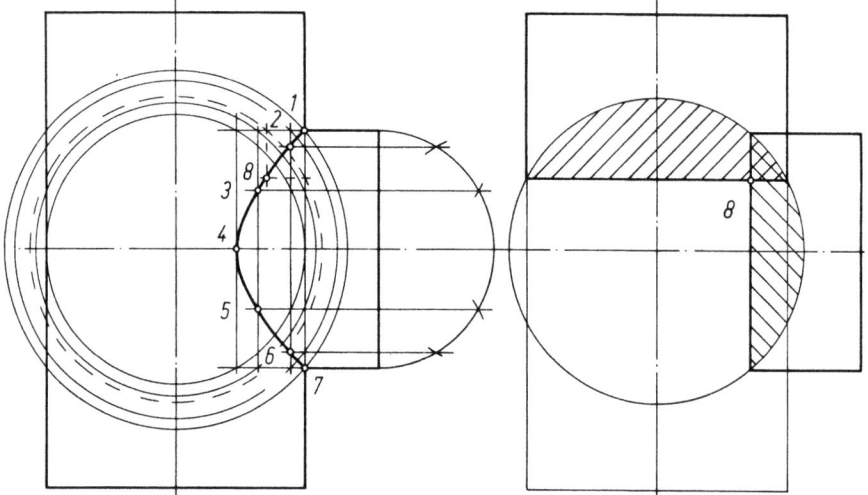

8. Durchdringung gemäß Nr. 6 nach dem Kugelschnittverfahren

In vorliegender Nr. wird dieselbe Durchdringung wie in Nr. 6 behandelt, jedoch mit einer anderen Arbeitsweise, nämlich nach dem Kugelschnittverfahren. Wir benötigen hierzu nur den Aufriß.

Das kleine abzweigende Rohr versehen wir, wie bei Nr. 6, mit der Zwölferteilung und zeichnen die Mantellinien ein. In dem Kreuzungspunkt von Längs- und Querachse der beiden Rohre stecken wir den Zirkel ein und schlagen Kreise durch die Schnittpunkte der Mantellinien mit der Außenkante des durchgehenden Rohres. Auch den kleinsten Kreis, welcher mit der Außenkante tangiert, wollen wir einzeichnen. Er ist so groß wie der Durchmesser des durchgehenden Rohres. Alle Kreise schneiden sich mit den nach links verlängerten Außenkanten des abzweigenden Rohres. Diese Schnittpunkte verbinden wir gegenseitig durch senkrechte Linien und erhalten hierdurch Schnittpunkte mit den waagerechten Mantellinien des abzweigenden Rohres. Dies sind die gesuchten Punkte 1 bis 7 der Durchdringungskurve.

Wenn wir den Durchmesser des durchgehenden Rohres sowie den Durchmesser des abzweigenden Rohres genauso groß wie bei Nr. 6 wählen, so muß die ermittelte Durchdringungskurve in beiden Aufgaben gleich sein. Der weitere zeichnerische Ablauf für die Abwicklungen des durchgehenden und abzweigenden Rohres kann daher bei Nr. 6 nachgelesen werden.

Wie können wir uns nun dieses Kugelschnittverfahren erklären?

Zunächst ist ja einmal klar, daß die Punkte 1 bis 7 irgendwo am Umfang sowohl des großen als auch des kleinen Rohres liegen müssen. Weiterhin müssen wir uns darüber im klaren sein, daß sich alle Punkte des großen und alle Punkte des kleinen Rohres beim Zusammensetzen beider Rohre zu je einem Punkt vereinen. Da sich jeweils zwei Punkte zu einem verbinden, können sie also nicht irgendwo auf der Oberfläche der beiden Rohre liegen, sondern es kann sich nur um eine einzige, ganz bestimmte Stelle am Umfang der beiden Rohre handeln. Die Entfernungen von allen Punkten des großen Rohres bis zum Schnittpunkt der beiden Achsen im Rohrmittelpunkt sind also genauso groß wie die Entfernungen von allen Punkten des kleinen Rohres bis zum Mittelpunkt vorliegender Durchdringung. Diese unmittelbar nebeneinanderliegenden Punkte müssen also weiterhin auf der Oberfläche einer Kugel liegen, da ja die Entfernung von dem Mittelpunkt einer Kugel bis zu jeder Stelle der Oberfläche gleich groß ist.

Werden in ein rechtwinkelig abgeschnittenes Rohrende verschieden große Kugeln gelegt, so ragen diese mehr oder weniger in das Rohr hinein. Den in das Rohrende hineinragenden Kugelabschnitt nennt man Kalotte (siehe die beiden schraffierten Flächen auf der rechten Seite der Abbildung).

Angenommen, wir könnten in vorliegende Durchdringung die auf der rechten Seite gezeichnete Kugel gleichzeitig in die beiden rechtwinkelig abgeschnittenen Rohrenden hineinstecken, so erhielten wir im Schnittpunkt der Rohrenden den Punkt 8 (auf der linken Seite gestrichelt eingezeichnet).

Die beiden gesuchten Punkte (Punkt 8 des großen und kleinen Rohres) müssen ja irgendwo am Umfang des entsprechenden Rohrendes und weiterhin auf der Oberfläche einer Kugel liegen. Alle Punkte dieser Rohrenden sind vom Schnittpunkt der Achsen gleich weit entfernt, da sie alle irgendwo auf der Oberfläche der Kugel liegen. Die beiden Punkte 8 können also nur auf den geraden Begrenzungslinien der Kugelabschnitte zu finden sein. Im Schnittpunkt dieser beiden Linien vereinigt sich Punkt 8 des großen Rohres mit Punkt 8 des kleinen Rohres zum gemeinsamen Punkt 8. Derselbe liegt auf der Oberfläche der Kugel.

Nr. 9

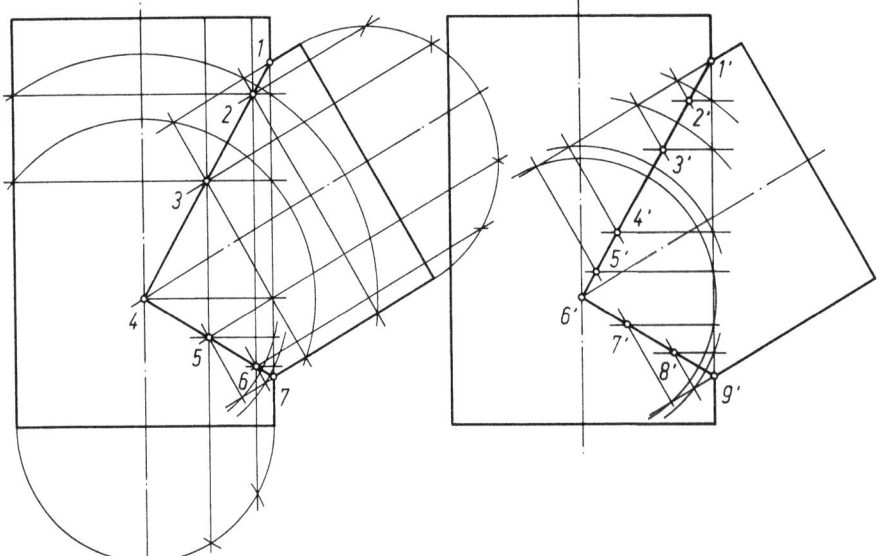

9. Durchdringung gemäß Nr. 5 nach dem Kugelschnittverfahren

Die mit Nr. 5 gestellte Aufgabe soll noch einmal nach dem Kugelschnittverfahren gelöst werden. Um die Durchdringungskurve, welche, wie wir wissen, aus zwei Geraden besteht zu ermitteln, genügt der Aufriß.

An die Abschlußkante des abzweigenden Rohres tragen wir die Zwölferteilung an und zeichnen parallel zur schrägen Mittellinie die Mantellinien ein. Auch an die Unterkante des durchgehenden Rohres zeichnen wir die Zwölferteilung und reißen die senkrechten Mantellinien des durchgehenden Rohres auf. Hierdurch können wir auf den Grundriß verzichten. In den Schnittpunkten der entsprechenden senkrechten und schrägen Mantellinien entstehen die gesuchten Punkte 1 bis 7.

Durch die Punkte 2 bis 6 ziehen wir waagerechte Mantellinien und bringen sie zum Schnitt mit den Außenkanten des durchgehenden Rohres. Durch die hierbei entstandenen Schnittpunkte schlagen wir Kreisbogen um den Schnittpunkt der Rohrachsen (um Punkt 4). Durch die Punkte 2 bis 6 ziehen wir auch noch Mantellinien parallel zur Abschlußkante des abzweigenden Rohres. Im Schnittpunkt dieser Mantellinien mit den Außenkanten des Rohrstutzens müssen bei genauer Zeichnung auch noch die Schnittpunkte mit den Kreisen liegen.

Wenn wir die Dimensionen des Rohrabzweiges analog der Nr. 5 gewählt haben, können wir die beiden Abwicklungen gemäß der dortigen Beschreibung vornehmen.

Die rechte Seite der Abbildung zeigt die Anwendung des Kugelschnittverfahrens nochmals in sehr vereinfachter Form. Die Kugeldurchmesser sind frei gewählt. Dort, wo die Kreise die senkrechte Außenkante des durchgehenden Rohres schneiden, zeichnen wir waagerechte Linien. In den Schnittpunkten der Kreise mit den Außenkanten des abzweigenden Rohres zeichnen wir ebenfalls Linien, diese jedoch parallel zur Abschlußkante des abzweigenden Rohres. Wo sich diese waagerechten und schrägen Linien schneiden, liegen die Punkte 2' bis 8' der Durchdringungskurve. Da diese, wie wir wissen, in vorliegendem Falle aus zwei Geraden besteht, wäre das Kugelschnittverfahren in seiner Richtigkeit bestätigt.

Um die Punkte 1' bis 9' auffinden zu können, genügen die in der Zeichnung dargestellten kurzen Mantellinien und kleinen Kreisbogen. Damit wir jedoch die Methode des Kugelschnittverfahrens erfassen können, sollten wir uns diese Mantellinien jeweils von Rohraußenkante bis Rohraußenkante durchgezogen denken. Dann könnten wir uns in Verbindung mit den Kreisbogen die beiden jeweils zusammengehörigen Kalotten-Paare, welche in der vorhergehenden Nr. schraffiert eingezeichnet sind, genau vorstellen.

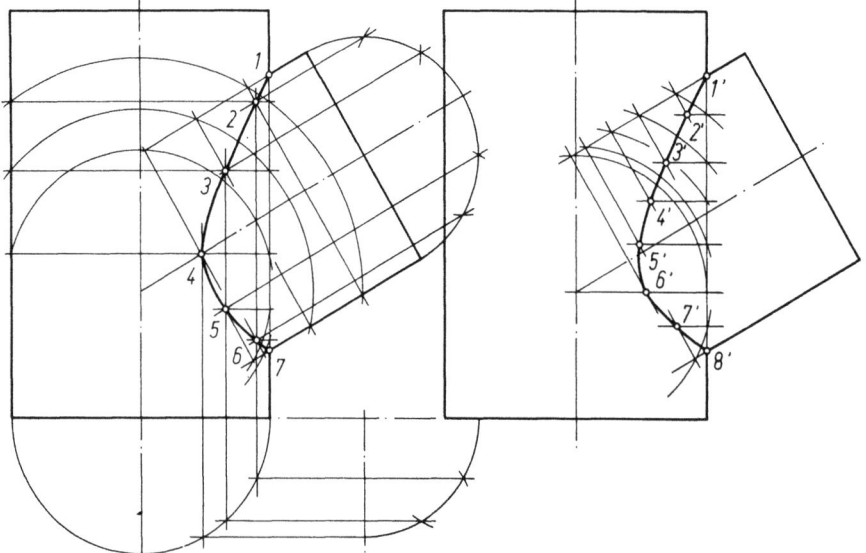

10. Durchdringung gemäß Nr. 7 nach dem Kugelschnittverfahren

Auch die in Nr. 7 gezeigte Durchdringung soll nochmals nach dem Kugelschnittverfahren durchgearbeitet werden. Der Grundriß kann entfallen, wenn an die Unterkante des durchgehenden Rohres die Zwölferteilung des großen und kleinen Rohres gezeichnet wird. Dort, wo in diesem Hilfsgrundriß die Mantellinien des kleinen Rohres das große Rohr durchdringen, entstehen Schnittpunkte, in denen wir Senkrechte errichten. Auch an die Abschlußkante des Rohrabzweiges tragen wir die Zwölferteilung an und zeichnen die Mantellinien parallel zur schrägen Mittellinie ein. Die Punkte 1 bis 7 des gesuchten Kurvenzuges entstehen dort, wo sich die senkrechten und schrägen Mantellinien schneiden.

Bis hierhin war die Arbeitsfolge zur Ermittlung der Durchdringungskurve ganz genau so wie bei Nr. 7. Wenn wir die Durchmesser des durchgehenden und abzweigenden Rohres so groß wie bei dieser Nr. gewählt haben, können wir uns in bezug auf genaues Zeichnen wieder einmal selbst überprüfen, da die Punkte 1 bis 7 mit denen aus der Zeichnung der Durchdringung Nr. 7 genau übereinstimmen müssen. Genauigkeit ist beim Abwickeln unerläßlich, da wir ja alles zeichnerisch ermitteln. Lediglich den Umfang eines Rohres können wir uns bei der Abwicklung errechnen.

Da wir nun die genaue Lage der Punkte 1 bis 7 kennen, ist die Abwicklung des durchgehenden und abzweigenden Rohres gemäß der Abhandlung bei Nr. 7 leicht zu zeichnen.

Jetzt erst, nachdem wir die Durchdringungskurve gefunden haben und somit den Körper abwickeln können, beginnen wir mit dem Kugelschnittverfahren. Hierin liegt doch eigentlich ein Widerspruch. Doch beweisen wir uns zunächst noch einmal die Richtigkeit dieser Methode.

Durch die Punkte 1 bis 7 ziehen wir waagerechte und schräge Mantellinien jeweils bis zum Schnitt mit den Außenkanten der beiden Rohre. Die schrägen Mantellinien müssen unter 90° zur Mittellinie des Rohrabzweiges verlaufen. Um den Schnittpunkt der beiden Rohrachsen schlagen wir Kreisbogen, welche gleichzeitig die beiden Schnittpunkte einer waagerechten Mantellinie mit den Außenkanten des durchgehenden Rohres sowie die beiden Schnittpunkte einer schrägen Mantellinie mit den Rohraußenkanten des Rohrabzweiges schneiden müssen. Nun können wir uns die jeweils zueinandergehörigen Kalotten vorstellen, welche in Nr. 8 schraffiert gezeichnet sind.

Auf der rechten Seite der Abbildung sehen wir wieder die vereinfachte Form des Kugelschnittverfahrens. Die Anzahl und die Radien der Kreisbogen können wir frei wählen. Die Kreisbogen müssen wir zum Schnitt mit je einer Außenkante des durchgehenden und abzweigenden Rohres bringen. In diesen Schnittpunkten werden Mantellinien eingezeichnet, die immer unter 90° zur Mittellinie der entsprechenden Rohraußenkante liegen müssen. Im Schnittpunkt zweier Mantellinien, die zudem mit einem gemeinsamen Kreisbogen verbunden sind, liegt ein Punkt des Kurvenzuges. In der Abbildung sind es die Punkte 1' bis 8'. Diesen Kurvenzug können wir mit dem in der Zeichnung links abgebildeten Kurvenzug sowie mit dem in Nr. 7 ermittelten Kurvenzug vergleichen. In allen drei Fällen ist der Kurvenzug genau gleich. Dies setzt jedoch voraus, daß wir exakt gezeichnet haben.

Wenn wir zu einer Durchdringung auch die Abwicklung zeichnen sollen, wählen wir nicht das Kugelschnittverfahren, sondern die entsprechende einfache Abwicklungsmethode. Man kann natürlich auch die beiden Rohre abwickeln, wenn man die Durchdringungskurve 1' bis 8' nach der vereinfachten Art des Kugelschnittverfahrens ermittelt hat. Allerdings sind diese Abwicklungen komplizierter. Außerdem werden sie ungenauer, da bei freier Wahl der einzelnen Kugeldurchmesser bei der Abwicklung das Problem von Bogen und Sehne wieder auftritt.

Abschließend sei also gesagt, daß sich das Kugelschnittverfahren zum Abwickeln schlecht eignet und daher hierfür nicht angewandt werden soll. Um so stärker sei jedoch empfohlen, das Kugelschnittverfahren immer und überall dann anzuwenden, wenn nur die Durchdringungskurve benötigt wird. Dies ist z. B. bei allen Zusammenstellungs-Zeichnungen im Rohrleitungsbau der Fall. Es macht einen schlechten Eindruck, wenn man bei einer Zeichnung aus großer Entfernung schon erkennen kann, daß die Durchdringungskurven total falsch sind. Meist genügen ja bereits 3 bis 4 Punkte, um eine Durchdringungskurve einigermaßen genau zeichnen zu können. Wir wollen also in Zukunft keine Durchdringungskurve mehr nach Gefühl zeichnen.

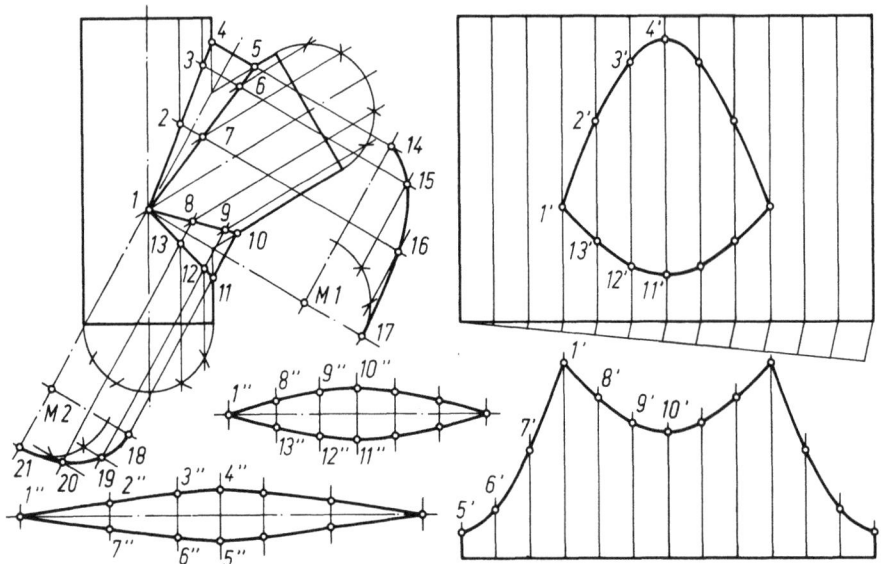

11. Schräger Rohrabzweig mit gebrochenen Kanten (Zwickel ungenau)

Bei vorliegendem Rohrabzweig sind im Gegensatz zu dem in Nr. 5 gezeigten Rohrabzweig die scharfen Kanten gebrochen worden, um die Widerstände, welche die scharfen Knicke dem strömenden Medium entgegensetzen, zu vermindern. Dies wird durch Einsetzen von Zwickelblechen erreicht.

Zur Ermittlung der einzelnen Abwicklungen genügt im vorliegenden Falle der Aufriß. Dieser wird mit der Zwölferteilung sowie mit den Mantellinien versehen. Auch die beiden Zwickel erhalten ihre Mantellinien.

Die Entfernung der Punkte 4 bis 5 sowie 10 bis 11 wird frei gewählt. Anschließend werden diese 4 Punkte mit Punkt 1 verbunden. In den Schnittpunkten dieser 4 Linien mit den bereits eingezeichneten Mantellinien des durchgehenden und abzweigenden Rohres entstehen die Punkte 2 bis 7 sowie 8 bis 13. Abschließend zeichnen wir die Mantellinien der Zwickelbleche als Verbindungslinien der soeben gefundenen Punkte ein.

Für die Abwicklung des durchgehenden und abzweigenden Rohres errechnen wir uns den gemeinsamen Umfang und zeichnen in bekannter Weise die Mantellinien ein (siehe Nr. 2). Im Aufriß greifen wir die Abstände zwischen der Unterkante des durchgehenden Rohres und den Punkten 1 bis 4 sowie 11 bis 13 ab und übertragen sie in die Abwicklung des durchgehenden Rohres. Auf den entsprechenden Mantellinien erhalten wir hierdurch die Punkte 1' bis 4' und 11' bis 13', welche wir mit je einem Kurvenzug verbinden.

Im Anschluß hieran nehmen wir die Entfernungen zwischen der Abschlußkante des schräg abzweigenden Rohres und den Punkten 5, 6, 7, 1, 8, 9 und 10 in den Zirkel und tragen sie auf der jeweiligen Mantellinie der Abwicklung des abzweigenden Rohres ab. Somit erhalten wir die Punkte 5' bis 7', sowie 8' bis 10' und Punkt 1'. Auch diese verbinden wir untereinander mit je einem Kurvenzug.

Um die beiden Zwickelbleche abwickeln zu können, müssen wir zunächst einmal ihre Form im gebogenen Zustand aufreißen. Wir verlängern hierzu die Mantellinien der beiden Zwickel nach außen und zeichnen unter 90° hierzu die beiden Mittellinien ein.

Dort, wo sich diese Mittellinien mit den beiden verlängerten Linien von Punkt 1 schneiden, liegen die Mittelpunkte M1 und M2. Um diese Punkte schlagen wir mit dem gemeinsamen Radius der Rohre einen Viertel-Kreisbogen und teilen diesen in 3 gleiche Teile. Dies entspricht der Zwölferteilung. In den auf den Kreisbögen entstandenen Schnittpunkten zeichnen wir parallel zu den beiden Mittellinien je zwei Hilfslinien ein. In den Schnittpunkten dieser Hilfslinien mit den entsprechenden verlängerten Mantellinien der Zwickel entstehen die Punkte 14 bis 17 sowie 18 bis 21. Diese Punkte verbinden wir mit je einem Kurvenzug und erhalten somit die halben Querschnitte beider Zwickel.

Wir beginnen nun mit der Abwicklung der Zwickelbleche, indem wir zwei Mittellinien zeichnen, auf denen wir die Entfernungen antragen, welche die einzelnen Mantellinien der Zwickel untereinander einnehmen. Diese Entfernungen greifen wir uns nacheinander zwischen den Punkten 17 bis 16, 16 bis 15 und 15 bis 14 sowie 21 bis 20, 20 bis 19 und 19 bis 18 ab. Was wir hierbei abgreifen, ist nicht das Kurvenstück des Querschnittes, sondern die Gerade zwischen zwei Punkten. Wir müssen daher beim Antragen auf den Mittellinien der Abwicklung die einzelnen Entfernungen ein ganz klein wenig größer wählen. Hierin liegt die Ungenauigkeit vorliegender Abwicklung. Für viele Fälle ist dies jedoch genügend genau.

Bei einem großen Rohrdurchmesser und bei Verwendung von Stahlblech kann anstelle der nur ungenau abzuwickelnden Zwickel ein Blechstreifen gebogen werden, welcher von innen gegen die beiden Rohrkanten gedrückt wird. Der Blechstreifen wird nun von außen angeschweißt und von innen autogen abgebrannt. Immer dann, wenn vorerwähnte Hilfsmaßnahme möglich ist, sollte sie angewandt werden, da hierbei der Zwickel von selbst genau wird.

Durch die vorhin festgelegten Punkte auf den Mittellinien ziehen wir die Mantellinien unter 90° zur Mittellinie. Wir nehmen nun im Aufriß die Entfernungen von den Mittellinien der Zwickel bis zu den Punkten 2 oder 7, 3 oder 6 und 4 oder 5 sowie 8 oder 13, 9 oder 12 und 10 oder 11 in den Steckzirkel (die Entfernung zwischen den Punkten 3 und 6 ist genau so groß wie die Entfernung 9 bis 12). Mit diesen Zirkelöffnungen tragen wir auf der entsprechenden Mantellinie von der Mittellinie aus die einzelnen Entfernungen nach beiden Seiten ab. Wir erhalten hierdurch die Punkte 1'' bis 7'' sowie 8'' bis 13'' und Punkt 1''. Abschließend verbinden wir alle gefundenen Punkte mit den entsprechenden Kurvenzügen.

Zusammenfassung. Die Entfernungen der Punkte 4 bis 5 und 10 bis 11 werden konstruktiv festgelegt. Alle Mantellinien erscheinen im Aufriß in ihrer wahren Länge. Sie können daher für die Abwicklungen sofort abgegriffen werden. Die Mantellinien-Abstände beider Zwickel werden für die Abwicklungen anhand der in den Mittelpunkten M1 und M2 zu konstruierenden Querschnitte ermittelt.

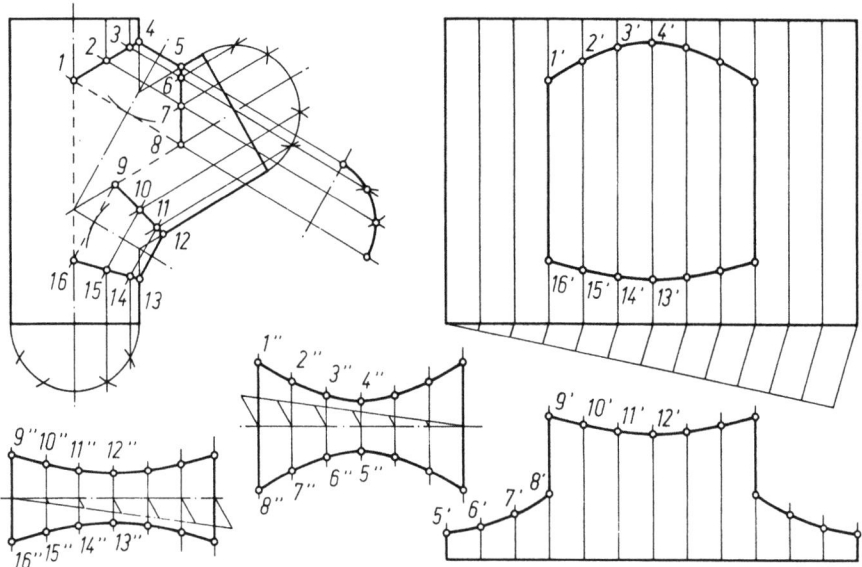

12. Schräger Rohrabzweig mit gebrochenen Kanten (Zwickel genau)

Vorliegender Rohrabzweig hat gegenüber dem aus der vorhergehenden Nr. den Vorteil, daß die Zwickelbleche genau abgewickelt werden können. Sie entsprechen im gebogenen Zustand dem Querschnitt des halben Rohres. In der Zeichnung ist der halbe Querschnitt des oberen Zwickels herausgezeichnet. Um die einzelnen Abwicklungen ermitteln zu können, genügt wiederum der Aufriß.

Zunächst zeichnen wir den Aufriß mit Zwölferteilung und Mantellinien sowie die beiden Linien 4 bis 5 und 12 bis 13. Letztere wollen wir genauso groß wählen wie die Linien 4 bis 5 und 10 bis 11 aus der Abwicklung der vorhergehenden Nr. Anschließend zeichnen wir parallel zu den Linien 4 bis 5 und 12 bis 13 die Mantellinien der beiden Zwickel ein. Ihre Entfernungen untereinander entsprechen genau den Entfernungen der übrigen, durch die Zwölferteilung festgelegten Mantellinien.

Wir nehmen also die Entfernungen der senkrechten Mantellinien an der Unterkante des durchgehenden Rohres mit dem Steckzirkel ab und übertragen sie auf beide Mittellinien der Zwickel im Aufriß, und zwar von den Linien 4 bis 5 und 12 bis 13 ausgehend. Beim Einzeichnen der Mantellinien beider Zwickel erhalten wir zwangsläufig die Punkte 1 bis 16.

Die Umrisse der Abwicklung des durchgehenden Rohres mit seinen Mantellinien reißen wir uns nach der bekannten Methode auf (Nr. 2). Mit dem Steckzirkel greifen wir im Aufriß die Entfernungen zwischen der Unterkante des durchgehenden Rohres und den Punkten 1 bis 4 und 13 bis 16 ab und tragen sie auf den entsprechenden Mantellinien von der Unterkante der Abwicklung aus an. Hierdurch erhalten wir die Punkte 1' bis 4' und 13' bis 16', welche wir untereinander mit je einem Kurvenzug verbinden. Des weiteren verbinden wir die Punkte 1' und 16' mit einer Geraden und erhalten somit den Ausschnitt dieser Abwicklung.

Um die Abwicklung des Rohrabzweiges ermitteln zu können, errichten wir uns auf der geraden Abschlußkante die Mantellinien. Diese zeichnen wir uns der Einfachheit halber genau unter die Mantellinien der Abwicklung des durchgehenden Rohres. Nun nehmen wir die einzelnen Abstände zwischen der Abschlußkante des Abzweiges und den Punkten 5 bis 12 in den Zirkel und tragen von der geraden Abschlußkante der Abwicklung aus auf den jeweiligen Mantellinien diese Entfernungen an. Wir erhalten somit die Punkte 5' bis 12' und verbinden sie untereinander mit je einem Kurvenzug. Zwischen den Punkten 8' und 9' liegt eine Gerade.

Die Abwicklung der Zwickelbleche können wir, wie bereits eingangs erwähnt, genau ermitteln. Auf den beiden Mittellinien der Zwickel-Abwicklungen tragen wir jeweils den halben Rohrumfang auf, den wir uns rechnerisch ermitteln. Von einem Endpunkt aus tragen wir uns auf einer schrägen Linie mit dem Steckzirkel 6 gleich große Strecken an. Den sechsten Punkt verbinden wir durch eine Gerade mit dem anderen Endpunkt. Parallel zu dieser Geraden ziehen wir in den übrigen Punkten der Schrägen weitere Geraden. Im Schnittpunkt dieser Geraden mit der Mittellinie zeichnen wir die Mantellinien ein, welche senkrecht zur Mittellinie stehen.

Nun können wir auf den entsprechenden Mantellinien der beiden Zwickelbleche von der Mittellinie aus nach beiden Seiten die Entfernungen zwischen den einzelnen Punkten und dieser Mittellinie antragen. Diese Abstände greifen wir im Aufriß ab, und zwar ebenfalls von der Mittellinie der beiden Zwickel bis zu den einzelnen Punkten. Wir erhalten so die Punkte 1'' bis 8'' sowie 9'' bis 16''. Die Punkte 1'' und 8'' sowie 9'' und 16'' verbinden wir mit je einer Geraden, alle übrigen Punkte mit Kurvenzügen.

Auf keinen Fall dürfen wir die Bleche vergessen, welche in ihrer Form und Größe durch die Lage der Punkte 1, 8, 9 und 16 bestimmt sind. Hierfür ist keine Abwicklung erforderlich, da wir die Form dieser beiden Bleche dem Aufriß entnehmen können.

Zusammenfassung. Die beiden Zwickelbleche sind im gebogenen Zustand halbkreisförmig. Die Entfernungen zwischen den Punkten 4 bis 5 und 12 bis 13 werden frei gewählt. Die Abstände der Zwickel-Mantellinien entsprechen genau den Entfernungen der Rohr-Mantellinien. Alle Linien erscheinen im Aufriß in ihrer wahren Länge. Die Entfernungen der Punkte für die einzelnen Abwicklungen können also sofort im Aufriß abgegriffen werden.

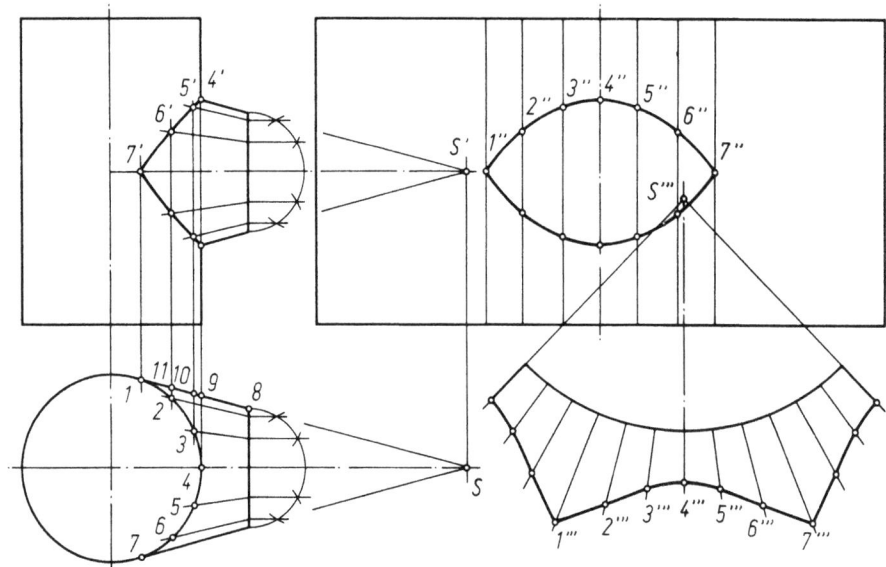

13. Durchdringung eines Kegels mit einem Zylinder unter einem Winkel von 90°

Nachdem der Auf- und Grundriß des Zylinders aufgerissen ist, zeichnen wir den Kegel im Grundriß, und zwar so, daß die beiden äußeren Mantellinien des Kegels am Kreis tangieren. Diese Tangenten bzw. Außenkanten des Kegels verlängern wir bis zum Schnitt und erhalten den Punkt S. Über dem Scheitelpunkt S errichten wir eine Senkrechte und erhalten im Schnittpunkt mit der Achse des Kegels im Aufriß den Punkt S′. Somit sind wir in der Lage, auch im Aufriß den Kegel einzuzeichnen.

An die Abschlußkante des Kegels bringen wir im Auf- und Grundriß die Zwölferteilung an. Von S bzw. S′ aus ziehen wir durch die soeben ermittelten Projektionspunkte der Zwölferteilung Strahlen, welche die Mantellinien des Kegels darstellen. Die Punkte 1 bis 7 entstehen dort, wo die Mantellinien die Oberfläche des Zylinders durchdringen bzw. im Schnittpunkt der Strahlen mit dem Kreis. Von den Punkten 1 bis 7 aus ziehen wir Senkrechte in den Aufriß. Im Schnittpunkt dieser Senkrechten mit den Mantellinien des Kegels im Aufriß entstehen die Punkte 4′ bis 7′.

Die Größe der Zylinderabwicklung ermitteln wir uns auf rechnerischem Wege und zeichnen die Umrisse mit der senkrechten Mittellinie ein. Von dieser Mittellinie aus tragen wir auf der Unterkante der Abwicklung nach beiden Seiten die Entfernungen der senkrechten Mantellinien ab. Es sind dies nacheinander die Entfernungen 4 bis 5, 5 bis 6 und 6 bis 7. In den ermittelten Punkten errichten wir die senkrechten Mantellinien. Dieselben sind im Hinblick auf die Entfernungen, welche sie untereinander einnehmen, nicht ganz exakt zu ermitteln, da hier wieder das alte Problem „Sehne und Bogen" auftaucht.

Die Entfernungen der Punkte 1″ bis 7″ von der Unterkante der Abwicklung entsprechen den Abständen zwischen den Punkten 4′ bis 7′ und der Unterkante des Zylinders im Aufriß.

Die Abwicklung des Kegels beginnen wir, indem um den Scheitelpunkt S‴ ein Kreisbogen geschlagen wird. Die Zirkelöffnung greifen wir im Grundriß zwischen dem Scheitelpunkt S und Punkt 8 ab. Anschließend nehmen wir die Zwölferteilung in den Steckzirkel und tragen sie zwölfmal auf diesem Kreisbogen ab. Hierauf ziehen wir die Mantellinien strahlenförmig vom Scheitelpunkt S‴ aus durch diese Punkte auf dem Kreisbogen.

Auch diese Strahlen sind ein klein wenig ungenau, da der Radius der Zwölferteilung nicht gleich dem Radius der Abwicklung ist. Normalerweise wählen wir die Entfernungen in der Abwicklung ja ein bißchen größer als die Zwölferteilung. In vorliegendem Falle ist dies nicht erforderlich, da wir die Entfernungen auch in der Abwicklung auf einem Radius und nicht wie vorhin bei der Zylinderabwicklung auf einer Geraden abtragen.

Wie finden wir nun die Entfernungen zwischen den Punkten 1‴ bis 4‴ und dem Scheitelpunkt S‴? Wir dürfen hierfür nicht die Entfernungen zwischen den Punkten S und 2 bis 4 wählen, da diese Strahlen nicht in ihrer wahren Länge in Erscheinung treten. Lediglich die Entfernung von S bis 1 ist in ihrer wahren Länge vorhanden und kann also sofort in die Abwicklung übertragen werden. Die gesuchten Entfernungen liegen zwischen dem Scheitelpunkt S und den Punkten 9, 10 und 11. Es sind dies die *wahren* Längen zwischen den Punkten S und 2 bis 4. Wir erhalten diese Punkte, indem wir uns den Körper um die Achse des Kegels gedreht denken, und zwar jeweils so lange, bis Punkt 2, 3 oder 4 bzw. die entsprechenden Mantellinien auf die Außenkante des Kegels treffen. Die Punkte 9, 10 und 11 können also nur in den Schnittpunkten der Außenkante des Kegels mit den Senkrechten in den Punkten 2, 3 und 4 liegen.

Abschließend verbinden wir alle ermittelten Punkte untereinander mit einem Kurvenzug.

Zusammenfassung. Gegeben sind der Durchmesser des großen durchgehenden Rohres, der an den Kegel anschließende kleine Rohrdurchmesser und die Entfernung dieser Rohrabschlußkante bis zum durchgehenden Rohr.

Im Grundriß werden die Ecken des kleinen Rohres mit Tangenten an das große Rohr verbunden. Der hierdurch entstandene Kegel erhält eine Zwölferteilung und wird auch im Aufriß eingezeichnet.

Die Abstände der senkrechten Mantellinien in der Abwicklung des durchgehenden Rohres greifen wir im Grundriß ab.

Für die Entfernungen der Punkte der Kegelabwicklung bis zum Scheitelpunkt benötigen wir die wahren Längen der Mantellinien aus dem Grundriß.

Es sei noch darauf hingewiesen, daß das Abwickeln vorliegender Durchdringung mit zwei geringfügigen Ungenauigkeiten verbunden ist. Die Abstände, welche die senkrechten Mantellinien des durchgehenden Rohres untereinander haben, sind nicht genau abzugreifen. Auch das Abtragen der Zwölferteilung auf dem Kreisbogen der Kegel-Abwicklung kann nicht hundertprozentig durchgeführt werden, da die Bogen der Zwölferteilung und die Bogen der Abwicklung nicht kongruent sind.

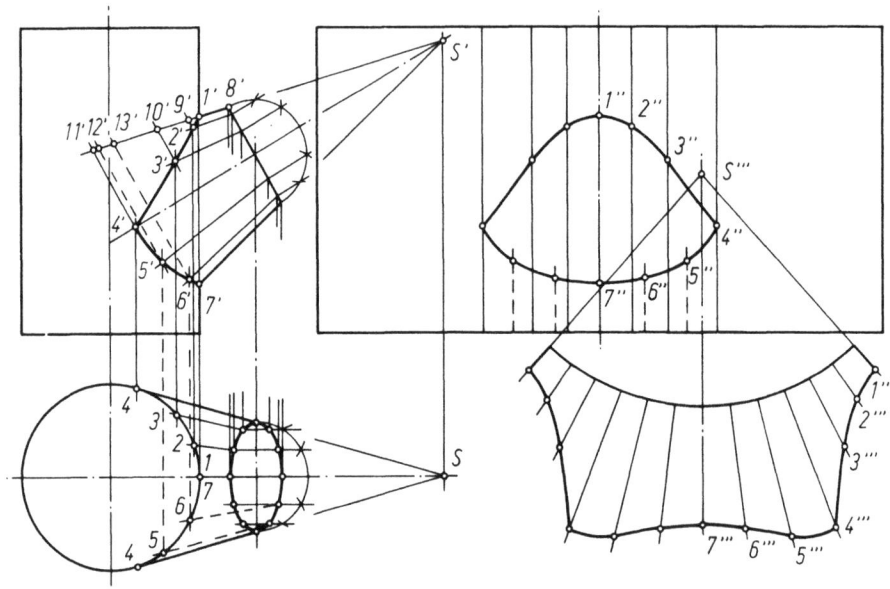

14. Durchdringung eines Kegels mit einem Zylinder unter einem beliebigen Winkel

Wir beginnen mit dem Aufreißen des Zylinders im Auf- und Grundriß. Der Winkel zwischen Zylinder- und Kegelachse wird in den meisten Fällen gegeben sein, ebenso die Länge des Kegels, d. h. die Entfernung zwischen der geraden Abschlußkante des Kegels und dem Schnittpunkt der beiden Achsen. Wir können also im Aufriß die Abschlußkante des Kegels mit der halben Zwölferteilung einzeichnen. Im Schnittpunkt der Abschlußkante mit der Kegelachse fällen wir ein Lot in den Grundriß. An diese Senkrechte zeichnen wir im Grundriß ebenfalls die halbe Zwölferteilung. Die beiden äußeren Punkte der Zwölferteilung, welche auf der Senkrechten liegen, verbinden wir mit dem Zylinder im Grundriß. Diese beiden Linien müssen so gelegt werden, daß sie Tangenten an den Kreis darstellen. Wenn wir diese beiden Linien verlängern und gegenseitig zum Schnitt bringen, erhalten wir den Scheitelpunkt S. In diesem Punkt errichten wir eine Senkrechte und bringen sie zum Schnitt mit der schräg liegenden Kegelachse, um so Punkt S′ zu ermitteln. Von Punkt S′ aus ziehen wir Strahlen durch die an der Abschlußkante des Kegels liegenden Projektionspunkte der Zwölferteilung. Des weiteren ziehen wir von diesen Punkten aus senkrechte Linien in den Grundriß und bringen sie zum Schnitt mit den waagerechten Projektionslinien. Diese Schnittpunkte verbinden wir untereinander mit einem Kurvenzug, welcher uns die Form der Abschlußkante des Kegels im Grundriß zeigt. Vom Scheitelpunkt S aus ziehen wir durch die soeben ermittelten Punkte Strahlen, welche wir mit dem Kreis zum Schnitt bringen. Diese Strahlen sind die Mantellinien des Kegels. Wo diese nun die Oberfläche des Zylinders durchdringen, liegen die Punkte 1 bis 7. In diesen Punkten errichten wir Senkrechte und bringen sie zum Schnitt mit den Mantellinien des Kegels im Aufriß. Hierdurch erhalten wir die Punkte 1' bis 7', welche wir mit einem Kurvenzug verbinden.

Den Umfang der Abwicklung des durchgehenden Rohres wollen wir uns wieder errechnen, aufzeichnen und mit der senkrechten Mittellinie versehen. Von derselben ausgehend tragen wir auf der Unterkante der Abwicklung nach beiden Seiten die Abstände der senkrechten Mantellinien auf. Diese Entfernungen greifen wir nacheinander im Grundriß zwischen den Punkten 1 bis 2, 2 bis 3 und 3 bis 4, bzw. 7 bis 6, 6 bis 5 und 5 bis 4 ab. Hierbei ist wieder zu beachten, daß wir nur die Sehne abgreifen können, den Bogen jedoch abtragen sollen. In den ermittelten Punkten errichten wir die senkrechten Mantellinien.

Die Entfernungen der Punkte 1'' bis 7'' von der Unterkante der Abwicklung greifen wir mit dem Steckzirkel im Aufriß ab, und zwar ebenfalls von der Unterkante des durchgehenden Rohres bis zu den Punkten 1' bis 7'. Es ist ratsam, die Linien gemäß Zeichnung teilweise gestrichelt zu zeichnen, damit man sie besser unterscheiden kann. Die Punkte 1'' bis 7'' verbinden wir mit einem Kurvenzug.

Um den Kegel abwickeln zu können, müssen wir uns vorher die wahren Längen der Mantellinien bestimmen. Im Geiste drehen wir wieder den Kegel um seine Achse. Hierbei betrachten wir jedoch nicht wie in der letzten Nr. den Grundriß, sondern den Aufriß. Beim Drehen der einzelnen Mantellinien bis zur Oberkante des Kegels beschreiben die Punkte 2' bis 6' gerade Linien. Diese verlaufen parallel zur Abschlußkante des Kegels bzw. senkrecht zur Kegelachse. Die wahren Längen können wir uns nun zwischen dem Scheitelpunkt S' und den Punkten 9' bis 13' abgreifen (bitte die Reihenfolge beachten!). Die obere und untere Mantellinie ist im Aufriß bereits in ihrer wahren Länge gezeichnet. Wir können sie also sofort zwischen Punkt S' und Punkt 1' sowie zwischen Punkt S' und Punkt 7' abgreifen.

Zuerst müssen wir jedoch noch um Punkt S''' einen Kreisbogen schlagen mit der Zirkelöffnung S' bis Punkt 8' und weiterhin auf diesen Kreisbogen die Zwölferteilung abtragen. Von S''' aus ziehen wir Strahlen durch die auf dem Kreisbogen liegenden Punkte. Auf diesen Mantellinien tragen wir uns von S''' aus die vorhin ermittelten wahren Längen ab. Die so gefundenen Punkte 1''' bis 7''' verbinden wir untereinander mit einem Kurvenzug.

Zusammenfassung. Im Aufriß erhält die Abschlußkante des Kegels die Zwölferteilung. Die gefundenen Projektionspunkte werden in den Grundriß gelotet, so daß die ellipsenförmige Draufsicht der Kegel-Abschlußkante entsteht. Die beiden Endpunkte auf der Ellipsen-Längsachse werden mit Tangenten an den Kreis des Zylinders verbunden. Im Schnittpunkt dieser nach rechts zu verlängernden Tangenten entsteht Scheitelpunkt S. In ihm errichten wir eine Senkrechte, um beim Schnitt mit der Kegelachse den Scheitelpunkt S' zu erhalten. Erst jetzt können wir den Kegel mit seinen Mantellinien im Aufriß einzeichnen. Im Grundriß werden die Kegel-Mantellinien von S aus strahlenförmig durch die auf der Ellipse liegenden Punkte gezogen. Die Durchdringungspunkte werden in den Aufriß gelotet und zum Schnitt mit den Kegel-Mantellinien gebracht. Die wahren Längen derselben müssen wir uns in bekannter Weise im Aufriß ermitteln. Die Lage der Punkte auf den Mantellinien der Zylinder-Abwicklung können wir sofort dem Aufriß entnehmen.

Es sei noch erwähnt, daß wir bei vorliegender Durchdringung mit den selben kleinen Ungenauigkeiten rechnen müssen, wie bei vorhergehender Nummer.

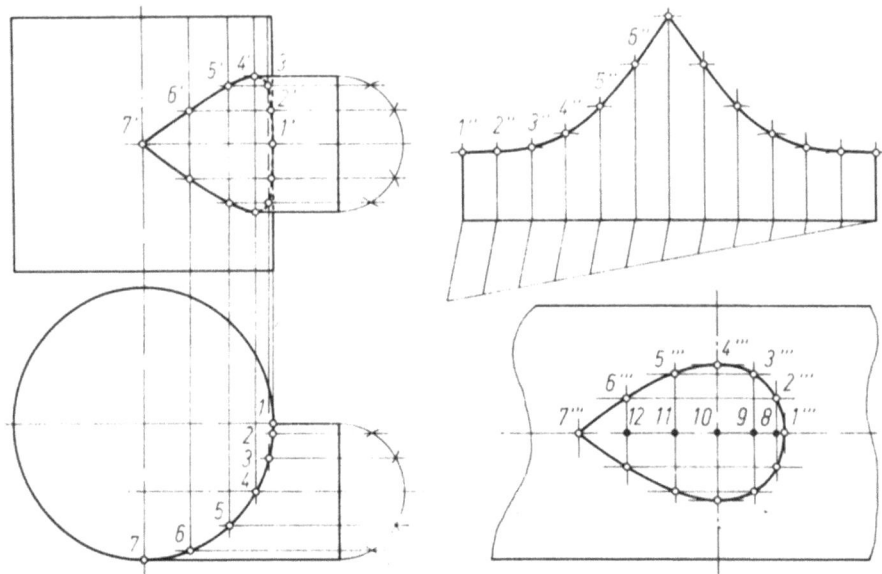

15. Rohr mit außermittig angeordnetem Stutzen

Die Besonderheit dieser Abwicklung liegt darin, daß der Durchmesser vom kleinen Rohrstutzen so groß ist wie der Radius des großen, durchgehenden Rohres.

Nachdem wir die äußeren Umrisse dieser Durchdringung aufgerissen haben, versehen wir den kleinen Stutzen im Auf- und Grundriß mit der Zwölferteilung und zeichnen die Mantellinien ein. Dort, wo dieselben im Grundriß das große Rohr durchdringen, entstehen die Punkte 1 bis 7. Diese Punkte projizieren wir in den Aufriß und erhalten somit die senkrechten Mantellinien des durchgehenden Rohres. Wo sich dieselben mit den entsprechenden Mantellinien des kleinen Rohres schneiden, liegen die Punkte 1' bis 7'. Diese sind mit einem Kurvenzug zu verbinden. Hierbei dürfen wir auf keinen Fall Punkt 2' vergessen. Die senkrechte Projektions- bzw. Mantellinie für Punkt 2 wurde in der Abbildung der Deutlichkeit wegen weggelassen. Weiterhin ist beim Zeichnen zu beachten, daß der Kurvenzug von Punkt 1' bis Punkt 4' nicht sichtbar ist.

Die Vorbereitung der Abwicklung vom Stutzen wird analog Nr. 2 vorgenommen. Auf den Mantellinien tragen wir von der Unterkante aus die Entfernungen zwischen der geraden Abschlußkante des kleinen Rohres im Grundriß und den Punkten 1 bis 7 ab. Die hierdurch festgelegten Punkte 1" bis 7" verbinden wir mit einem Kurvenzug.

Von der Abwicklung des durchgehenden Rohres ist in der Abbildung nur der Ausschnitt gezeichnet. In der Praxis müßte der Umfang des großen durchgehenden Rohres errechnet werden. Im Schnittpunkt beider Mittellinien liegt Punkt 10. Er entspricht Punkt 4 des Grundrisses. Um die senkrechten Mantellinien einzeichnen zu können, benötigen wir zunächst die Punkte 8 bis 12 sowie 1''' und 7'''. Beim Festlegen dieser Punkte müssen wir darauf achten, daß wir nicht die Sehnen, sondern die Bogen zwischen den Punkten übertragen sollen. Wir müssen also die Entfernungen nach Gefühl etwas größer wählen. Auch diesmal können wir uns kontrollieren, da der Abstand von Punkt 1''' zu Punkt 7''' genau der vierte Teil des Umfanges vom großen Rohr sein muß. Die Strecke von Punkt 10 bis Punkt 11 entspricht also dem Bogen zwischen den Punkten 4 und 5. Des weiteren entsprechen sich folgende Punkte: 11 bis 12 = 5 bis 6; 12 bis 7''' = 6 bis 7; 10 bis 9 = 4 bis 3; 9 bis 8 = 3 bis 2 und 8 bis 1''' = 2 bis 1.

Nachdem die senkrechten Mantellinien eingezeichnet sind, reißen wir auch noch die waagerechten Mantellinien in der Abwicklung des großen, durchgehenden Rohres auf. Ihre Entfernungen bis zur waagerechten Mittellinie greifen wir im Aufriß an der Abschlußkante vom Stutzen ab. Die waagerechten Mantellinien entsprechen also der Projektion der Zwölferteilung. Dort, wo sich die entsprechenden senkrechten und waagerechten Mantellinien schneiden, liegen die Punkte 1''' bis 7''', welche wir mit einem Kurvenzug verbinden.

Zusammenfassung. Das kleine Rohr erhält die Zwölferteilung mit den Mantellinien. Diese durchdringen im Grundriß das große Rohr in den Punkten 1 bis 7. Dieselben werden zur Ermittlung der Durchdringungskurve in den Aufriß projiziert. Der Aufriß wird zur Abwicklung der beiden Rohre nicht benötigt.

Die Längen der Mantellinien des kleinen Rohres können im Grundriß entnommen werden.

Die waagerechten Mantellinien in der Abwicklung des großen Rohres entsprechen der Projektion der Zwölferteilung. Die Entfernungen, welche die einzelnen senkrechten Mantellinien untereinander einnehmen, sind gleich den Abständen der Punkte 1 bis 7 des Grundrisses. In vorliegendem Falle ist der Abstand von Punkt 1''' bis 7''' der vierte Teil vom Rohrumfang des großen, durchgehenden Rohres.

Kann man diese Durchdringung auch nach dem Kugelschnittverfahren abwickeln? Nein! Dieses Verfahren bedingt, daß sich die beiden Achsen im Raume schneiden. Diese Voraussetzung ist nicht gegeben, da sich die beiden Längsachsen wohl im Aufriß, aber nicht im Grundriß schneiden. Die beim Kugelschnittverfahren entstehenden Kalotten haben bei der hier gezeigten Durchdringung keinen gemeinsamen Mittelpunkt. Die zu suchenden Punkte können also auch nicht auf der Oberfläche einer gemeinsamen Kugel liegen.

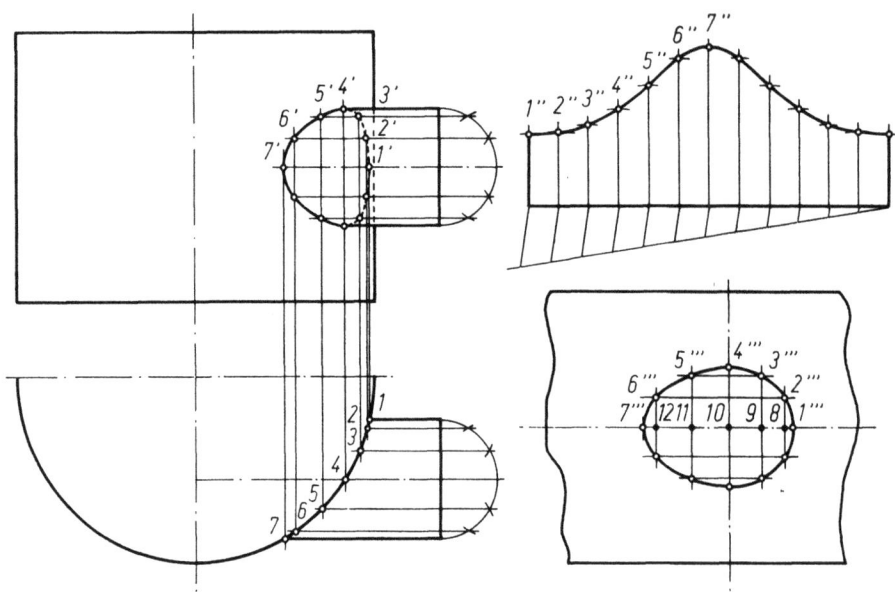

16. Rohr mit außermittig angeordnetem Stutzen

Im Gegensatz zur vorhergehenden Abwicklung kann in vorliegendem Falle der Rohrstutzen einen beliebigen Durchmesser sowie einen beliebigen Abstand von der Mittellinie haben. Zu Beginn reißen wir uns den Auf- und Grundriß entsprechend den uns gegebenen Maßen auf. Im Grundriß der Zeichnung ist das große Rohr bzw. der Behälter nur halb gezeichnet.

An die gerade Abschlußkante des Stutzens bringen wir im Auf- und Grundriß einen Halbkreis an und versehen diesen mit der Zwölferteilung. In den Schnittpunkten dieser Teilung ziehen wir waagerecht nach links die Mantellinien ein. Im Grundriß entstehen die Punkte 1 bis

7, welche die Schnittpunkte dieser Mantellinien mit dem Kreis des großen Rohres sind. In diesen Punkten errichten wir Senkrechte und bringen diese mit den entsprechenden waagerechten Mantellinien des kleinen Rohres im Aufriß zum Schnitt. Die Schnittpunkte ergeben die Punkte 1′ bis 7′, welche wir untereinander mit einem Kurvenzug verbinden (Der Kurvenzug 1′ bis 4′ ist unsichtbar und daher gestrichelt gezeichnet).

Für die Abwicklung des kleinen Rohres errechnen wir uns den Umfang und zeichnen die Mantellinien gemäß Abwicklung Nr. 2 ein. Die Entfernungen von der Unterkante der Abwicklung bis zu den Punkten 1″ bis 7″ entsprechen den jeweiligen Entfernungen zwischen der geraden Abschlußkante des kleinen Rohres und den Punkten 1 bis 7 im Grundriß. Die Punkte 1″ bis 7″ verbinden zu einem Kurvenzug.

Auf der waagerechten Mittellinie des nur teilweise gezeichneten großen Rohres legen wir uns Punkt 10 fest. Wir zeichnen durch ihn eine Senkrechte. Diese Mantel- bzw. Mittellinie erscheint im Grundriß als ein Punkt. Die Linie bei Punkt 10 soll Punkt 4 entsprechen, da in den meisten Fällen die genaue Lage von Punkt 4 gegeben sein wird. Wir tragen nun von Punkt 10 ausgehend auf der waagerechten Mittellinie die Punkte 9, 8 und 1‴ sowie 11, 12 und 7‴ an. Die Entfernungen dieser Punkte entnehmen wir im Grundriß, wobei allerdings zu beachten ist, daß wir nicht die Sehne, sondern den Bogen abgreifen müssen. Hier liegt also eine kleine Ungenauigkeit dieser Abwicklung vor. Folgende Entfernungen sind einander gleich:
10 bis 9 = 4 bis 3;   9 bis 8 = 3 bis 2;   8 bis 1‴ = 2 bis 1;
10 bis 11 = 4 bis 5; 11 bis 12 = 5 bis 6; 12 bis 7‴ = 6 bis 7.

Die Abstände zwischen den waagerechten Mantellinien und der Mittellinie greifen wir im Aufriß ab, und zwar am besten an der Abschlußkante des kleinen Rohres. Die Entfernungen entsprechen der Projektion der Zwölferteilung des kleinen Rohres. Die Punkte des Kurvenzuges 1‴ bis 7‴ liegen dort, wo sich die zueinander gehörigen waagerechten und senkrechten Mantellinien schneiden.

Zusammenfassung. Der kleine Rohrstutzen wird mit 12 Mantellinien versehen, welche die Oberfläche des großen Rohres irgendwo durchdringen. Da diese Manteloberfläche im Grundriß ein Kreis ist, liegen die Punkte 1 bis 7 dort, wo sich die Mantellinien des kleinen Rohres mit dem großen Rohr schneiden. Diese Punkte werden in den Aufriß projiziert, um die Punkte 1 bis 7 zu erhalten. Für die Abwicklung ist der Aufriß allerdings nicht erforderlich.

Die Längen der Mantellinien des kleinen Rohres erscheinen im Grundriß in ihrer wahren Größe.

Die waagerechten Mantellinien in der Abwicklung des großen Rohres entsprechen der Projektion der Zwölferteilung. Die Entfernungen, welche die einzelnen senkrechten Mantellinien untereinander einnehmen, sind gleich den Abständen der Punkte 1 bis 7 des Grundrisses, welche allerdings nicht exakt zu ermitteln sind (Bogen-Sehne).

Diese Durchdringung kann nicht nach dem „Kugelschnittverfahren" abgewickelt werden, da sich die Achsen der beiden Rohre nicht schneiden.

Nr. 17

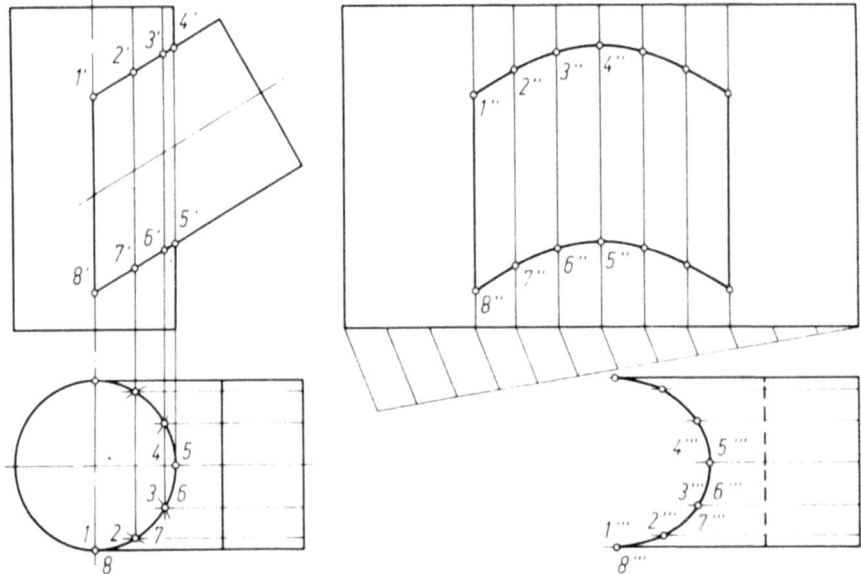

17. Durchdringung von Rohr und Vierkant (Durchmesser und Vierkantseite gleich groß)

Die vorliegende Abwicklung würde sich erübrigen, wenn der Vierkantstutzen rechtwinkelig zum Rohr sitzen würde. In diesem Falle wäre der Kurvenzug 1''' bis 8''' gleich dem halben Rohrumfang und somit durch den Radius des Rohres festgelegt.

Nachdem der Auf- und Grundriß gezeichnet ist, versehen wir das Rohr im Grundriß mit der Zwölferteilung und erhalten die Punkte 1 bis 4 und 5 bis 8. In diesen Punkten ziehen wir waagerechte Linien nach rechts bis zur Abschlußkante. Diese Linien stellen die Mantellinien für das obere und untere Blech des Vierkantes dar. Des weiteren ziehen wir von diesen Punkten aus senkrechte Linien in den Aufriß. Dort, wo diese Mantellinien das obere und untere Blech vom Vierkant schneiden, entstehen die Punkte 1' bis 4' sowie 5' bis 8'.

Wie in Nr. 2 beschrieben, errechnen wir uns den Umfang des Rohres und zeichnen seine Umrisse und Mantellinien ein. Wie aus der Abbildung ersichtlich, genügen die 7 mittleren Mantellinien. Nun nehmen wir nacheinander die Entfernungen zwischen der Unterkante des Rohres und den Punkten 1' bis 4' sowie 5' bis 8' in den Steckzirkel und tragen diese in der Abwicklung ebenfalls von der Unterkante aus auf den entsprechenden Mantellinien ab. Hierdurch erhalten wir die Punkte 1'' bis 4'' und 5'' bis 8'', welche wir mit je einem Kurvenzug verbinden. Die Punkte 1'' und 8'' verbinden wir mit einer Geraden.

Wir kommen nun zur Abwicklung des unteren Bleches vom Vierkant und zeichnen zunächst die gerade Abschlußkante sowie die beiden Seiten. Dann zeichnen wir parallel zu den beiden Seitenlinien die Mantellinien ein. Die Entfernungen dieser Mantellinien bis zur Mittellinie greifen wir im Grundriß an der Abschlußkante des Vierkantes ab, und zwar von der Mittellinie aus bis zu den Mantellinien, welche durch Punkt 2 und 3 gehen. Auf den Mantellinien der Abwicklung tragen wir von der Abschlußkante aus die Punkte 5''' bis 8''' an. Diese Entfernungen greifen wir nacheinander im Aufriß am unteren Blech des Vierkantes zwischen den Punkten 5' bis 8' und der Abschlußkante des Bleches ab. Die gefundenen Punkte verbinden wir untereinander mit einem Kurvenzug.

Das obere Blech des Vierkantes hat genau denselben Kurvenzug wie das untere, da ja die beiden Bleche parallel zueinander verschoben sind. Also liegen auch schon die Punkte 1''' bis 4''' fest. Allerdings ist das obere Blech etwas kürzer. Wir nehmen daher den Abstand zwischen Punkt 4' und der Abschlußkante in den Steckzirkel und tragen ihn von Punkt 4''' aus in der Abwicklung auf der Mittellinie an. In diesem Punkt zeichnen wir eine Senkrechte parallel zur Abschlußkante des unteren großen Bleches. Die Abschlußkante des oberen Bleches ist in der Zeichnung gestrichelt eingetragen.

Die beiden seitlichen Bleche des Vierkantes können in ihrer Form und Größe ohne weiteres dem Aufriß entnommen werden.

Zusammenfassung. Das Rohr erhält die Zwölferteilung. Wir haben uns also die Durchdringungspunkte gewählt. Somit liegen auch die Mantellinien des oberen und unteren Bleches vom Vierkant im Grundriß fest. Die Mantellinien im Grundriß entsprechen jedoch nicht ihren wahren Längen, da der Vierkantstutzen schräg sitzt. Wir projizieren daher die Durchdringungspunkte in den Aufriß bis zum Schnitt mit der unteren und oberen Vierkantseite und erhalten die Punkte 1' bis 8'. Hierdurch liegen die Punkte für die Mantellinien des Rohres sowie für die des Vierkantes fest.

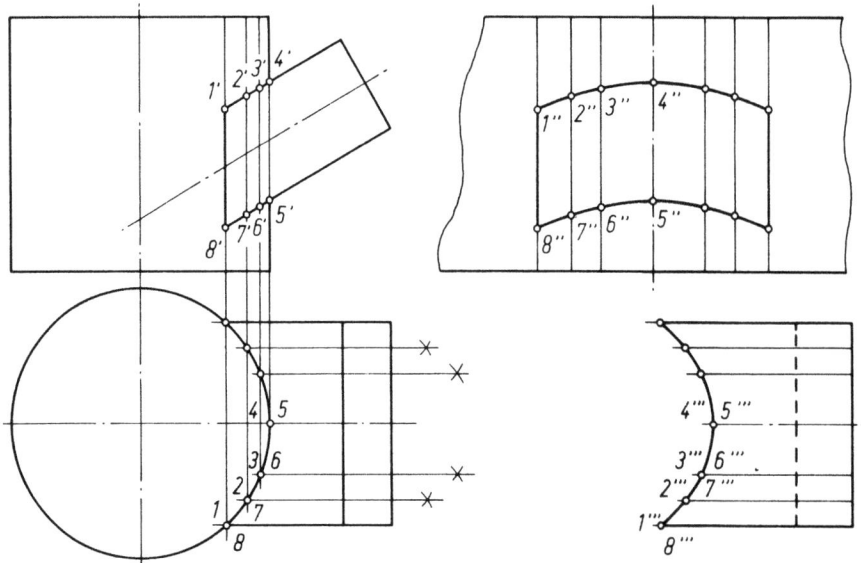

18. Durchdringung von Rohr und Vierkant (Vierkantseite kleiner als Durchmesser)

Wir beginnen wieder mit dem Aufreißen des Auf- und Grundrisses (aber bitte ohne die Linie zwischen den Punkten 1' und 8'!). Im Gegensatz zur vorhergehenden Nr. halbieren wir die beiden Hälften des Vierkantes im Grundriß. Anschließend halbieren wir noch die beiden äußeren Viertel des Vierkantes und zeichnen die waagerecht liegenden Mantellinien ein. Dort, wo dieselben das Rohr durchdringen, liegen die Punkte 1 bis 4 und 5 bis 8. Die beiden inneren Viertel des Vierkantes wurden der Deutlichkeit halber in der Abbildung nicht nochmals halbiert.

Von den Punkten 1 bis 4 aus ziehen wir senkrechte Linien in den Aufriß und bringen sie zum Schnitt mit dem unteren und oberen Blech des Vierkantes. Hierbei entstehen die Punkte 1' bis 4' sowie 5' bis 8'. Erst jetzt können wir die bereits vorhin erwähnte Durchdringungskante zwischen Punkt 1' und Punkt 8' einzeichnen. Somit liegen Form und Größe der beiden seitlichen Vierkantbleche fest. Diese Bleche bedürfen also keiner Abwicklung mehr.

Die Zeichnung zeigt nur einen Teil des abgewickelten Rohres. In der Praxis würden wir uns den Umfang des Rohres errechnen und ein entsprechendes Blech ausschneiden sowie die Mittellinie anreißen. Auch wir beginnen die Abwicklung des Rohres, indem wir die Mittellinie aufreißen. Anschließend zeichnen wir die obere und untere Kante des Rohres auf. Auf der Unterkante tragen wir nun von der Mittellinie aus nach beiden Seiten die Entfernungen ab, welche wir im Grundriß nacheinander zwischen den Punkten 4 bis 3; 3 bis 2 und 2 bis 1 abgreifen. Wie bei früheren Abwicklungen schon des öfteren besprochen, ist ja der Bogen länger als die Sehne; d. h. wir müssen die Zirkelöffnung ein ganz klein wenig größer wählen als die Entfernung zwischen zwei Punkten. Dies ist ein kleiner Nachteil der vorliegenden Abwicklung. In diesen auf der Unterkante abgetragenen Punkten errichten wir die senkrechten Mantellinien.

Nun nehmen wir die Abstände zwischen der Unterkante des Rohres und den Punkten 1' bis 4' sowie 5' bis 8' nacheinander in den Steckzirkel und tragen sie in der Abwicklung auf den entsprechenden Mantellinien von der Unterkante aus an. Die Punkte 1'' und 8'' verbinden wir mit einer Geraden. Die Punkte 1'' bis 4'' sowie 5'' bis 8'' verbinden wir mit je einem Kurvenzug.

Von der Abwicklung des unteren Vierkantbleches zeichnen wir zunächst die beiden Seiten sowie die gerade Abschlußkante. Die Entfernungen zwischen der Mittellinie und den einzelnen Mantellinien greifen wir im Grundriß an der Abschlußkante des Vierkantes ab und übertragen sie in die Abwicklung. Nun nehmen wir im Aufriß am unteren Blech des Vierkantes nacheinander die Entfernungen zwischen der Abschlußkante und den Punkten 5' bis 8' in den Steckzirkel und tragen sie auf den dazugehörigen Mantellinien ab. Somit erhalten wir die Punkte 5''' bis 8''', welche wir untereinander mit einem Kurvenzug verbinden.

Da das obere Blech des Vierkantes zum unteren Blech parallel liegt, durchdringen beide das Rohr in gleicher Weise. Deshalb gilt der Kurvenzug 5''' bis 8''' auch für die Punkte 1''' bis 4'''. Das obere Blech ist jedoch etwas kleiner als das untere. Wir greifen im Aufriß die Strecke zwischen Punkt 4' und der Abschlußkante ab und übertragen sie in die Abwicklung, und zwar von Punkt 4''' aus auf der Mittellinie. In diesem Punkt zeichnen wir die Abschlußkante des oberen Bleches als gestrichelte Linie ein.

Zusammenfassung. Der Vierkantstutzen wird im Grundriß mit Mantellinien versehen. Diese können beliebig gewählt werden. Im Gegensatz zur vorhergehenden Abwicklung wählen wir diesmal nicht die Durchdringungspunkte entsprechend der Zwölfteilung, sondern die Mantellinien des Vierkantes. Dort, wo diese Mantellinien den Kreis schneiden, entstehen die Durchdringungspunkte. Dieselben werden in den Aufriß projiziert und mit der Unter- und Oberseite des Vierkantes zum Schnitt gebracht, um die Punkte 1' bis 8' zu ermitteln und um somit die wahren Längen der Mantellinien zu erhalten.

Nr. 19

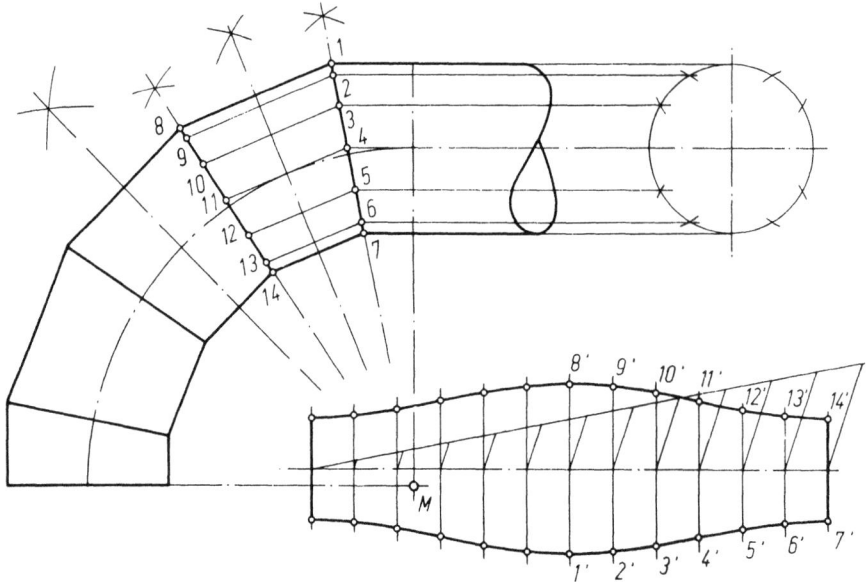

19. Rohrkrümmer 90°

Die Gradzahl des Krümmers, vielfach auch Schwanenhals genannt, sowie die Anzahl der Segmente richten sich nach den jeweiligen örtlichen Verhältnissen. Die nachfolgend beschriebene Abwicklung gilt sinngemäß auch für Rohrkrümmer anderer Gradzahlen wie z. B. 80° oder 100°. Bei allen Krümmern jedoch sind die beiden Segmente am Ende nur halb so groß zu wählen als ein Segmentstück aus der Mitte. Die Ausbildung der Endstücke ist ebenfalls beliebig. In der Zeichnung ist das Endsegment links unten für eine Schweiß- oder Lötnaht bzw. Falz oder Flansch vorgesehen. Das Endsegment rechts oben schließt sich sofort an das gerade Rohrstück an.

Wir errichten in Punkt M eine Senkrechte und ziehen weiterhin von Punkt M aus eine Waagerechte nach links. Um Punkt M schlagen wir den Kreisbogen mit dem Radius des Krümmers. Wenn nichts anderes vorgeschrieben ist, kann man $R = 2 \cdot d$ wählen. Nun erfolgt die Aufteilung der Segmente. Den 90°-Bogen halbieren wir mit dem Zirkel. Die hierdurch erhaltenen beiden 45°-Bogen halbieren wir ebenfalls. Somit können wir die drei Mittellinien der Segmentstücke einzeichnen. Um nun die Kanten der Segmentstücke zu erhalten, halbieren wir nochmals alle Winkel.

Gemäß der Zeichnung reißen wir uns den Rohrquerschnitt auf und versehen diesen mit der Zwölferteilung. In den einzelnen Punkten der Zwölferteilung ziehen wir waagerechte Linien nach links bis zum Schnitt mit der Kante des Endsegmentes. Wir erhalten hierdurch die Punkte 1 bis 7. In diesen Punkten ziehen wir Mantellinien bis zur gegenüberliegenden Kante des Segmentes. Diese untereinander parallel verlaufenden Linien müssen allerdings unter 90° zur Mittellinie des Segmentes liegen. Somit haben wir auch die Punkte 8 bis 14 festgelegt. Die Ansicht des Krümmers wollen wir noch durch Einzeichnen der äußeren Kanten vervollständigen.

Für die Abwicklung eines Segmentstückes tragen wir auf der Mittellinie den errechneten Rohrumfang an und teilen diesen geometrisch in 12 gleiche Teile und zeichnen die Mantellinien ein (siehe Abwicklung Nr. 2). Auf diesen Mantellinien tragen wir nacheinander die Punkte 1' und 8' bis 7' und 14' ab. Die Entfernungen dieser Punkte bis zur Mittellinie greifen wir nacheinander mit dem Steckzirkel im Aufriß ab, und zwar ebenfalls von der Mittellinie des Segmentes bis zu den Punkten 1 oder 8 und 7 oder 14. Die Punkte 1' bis 7' sowie 8' bis 14' verbinden wir mit einem Kurvenzug, die Punkte 7' und 14' mit einer Geraden. Für das linke untere Endsegment wird nur die eine Hälfte der Abwicklung benötigt.

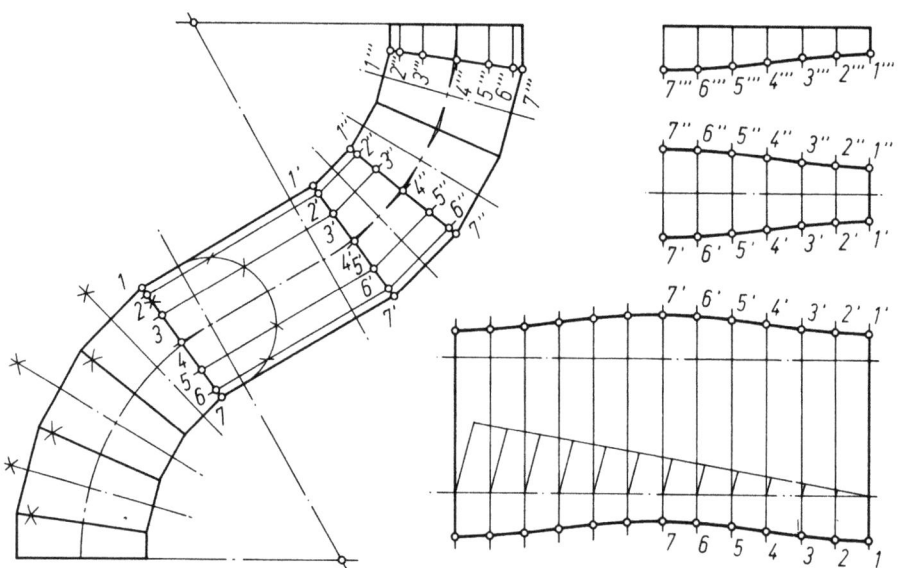

20. Etagenbogen

Das Zwischenstück des in der Zeichnung dargestellten Etagen- oder Sprungbogens liegt unter 30° bzw. 60°. Ist der „Sprung" kleiner, so wird das Zwischenstück oft unter 45° gelegt. In jedem Falle aber wird der Sprungbogen so aufgerissen, daß die beiden Endsegmente sowie die am geraden Zwischenstück liegenden Segmente nur halb so groß sind als ein Segmentstück aus der Bogenmitte. Den Radius vom Bogen wählen wir doppelt so groß wie den Rohrdurchmesser. Die S-förmige Mittellinie müssen wir den örtlichen Verhältnissen von Fall zu Fall anpassen.

Die beiden Bogen halbieren wir mit dem Zirkel und erhalten bei der dargestellten Anordnung vier Bogenstücke von je 30°, welche wir anschließend nochmals halbieren. Anschließend können wir die drei Mittellinien der mittleren Segmentstücke einzeichnen. Die Körperkanten derselben erhalten wir durch nochmaliges Halbieren aller Bogenstücke. In der Abbildung ist an die obere Abschlußkante des unteren Bogens die halbe Zwölferteilung gezeichnet. Sie dient zum Anreißen der Mantellinien und zum Aufzeichnen der äußeren Körperkanten der einzelnen Segmentstücke.

Nachdem nun der Etagenbogen aufgerissen ist, beginnen wir mit den Abwicklungen der drei verschiedenen Segmentstücke. Von der Abwicklung des Zwischenstückes zeichnen wir als erstes die parallelen Abschlußlinien des unteren und oberen Bogens. Die Entfernung dieser Linien entnehmen wir dem geraden Zwischenstück aus dem Aufriß. Des weiteren zeichnen wir die Mittellinien der beiden anderen Abwicklungen. Auf die untere parallele Abschlußlinie tragen wir den errechneten Rohrumfang auf und teilen diesen (entsprechend Nr. 2) geometrisch in 12 gleich große Teile. Anschließend zeichnen wir die Mantellinien ein, welche ja auch für die beiden darüberliegenden Abwicklungen Gültigkeit haben (die Abwicklungen des End- und Mittelsegmentes sind aus Platzmangel nur halb dargestellt).

Die Entfernung von Punkt 1 bis zur oberen Abschlußkante des unteren Bogens ist gleich der Entfernung von Punkt 7' bis zur unteren Abschlußkante des oberen Bogens und weiterhin gleich der Entfernung von Punkt 7''' bis zur oberen Abschlußkante des oberen Bogens und ebenfalls gleich der Entfernung von Punkt 7'' bis zur Mittellinie des dazugehörigen Segmentes. Genauso wie diese Entfernungen untereinander gleich sind, haben auch die übrigen Punkte zu den eben genannten Linien untereinander die gleichen Abstände. Wir nehmen also nacheinander die Entfernungen zwischen den Punkten 1 bis 7 und der Abschlußkante des Bogens in den Steckzirkel und tragen sie jeweils gleichzeitig in alle 3 Abwicklungen ab. Auf welchen Mantellinien im einzelnen die Entfernungen abgetragen werden, können wir durch Überlegung sehr leicht selbst finden bzw. aus der Zeichnung ersehen.

Im Gegensatz zu allen übrigen Abwicklungen ist diesmal die Bezeichnung der Punkte im Aufriß und in den Abwicklungen gleich.

Zusammenfassung. Die S-förmige Mittellinie des Etagenbogens ist den jeweiligen Gegebenheiten anzupassen. Der Bogenradius sollte mindestens doppelt so groß sein als der Rohrdurchmesser. Die beiden Bogen werden aus Segmenten zusammengesetzt, deren Anzahl sich nach dem Verwendungszweck richtet. Hierbei ist darauf zu achten, daß die Segmente an den Abschlußkanten der Bogen nur halb so groß sind als die Segmente der Bogenmitte. Die Längen der Mantellinien für die Abwicklungen können wir dem Aufriß entnehmen.

Das Zwischenstück kann auch als Rohr mit geraden Abschlußkanten ausgeführt werden. Die Rohrlänge entspricht dann der Entfernung der parallelen Abschlußkanten der beiden Bogen. In diesem Falle werden die Endsegmente viermal benötigt. Die Abwicklung des Zwischenstückes kann also eingespart werden. Allerdings ist zu bedenken, daß dann zwei Rundnähte zusätzlich geschweißt, gelötet oder gebördelt werden müssen.

Nr. 21

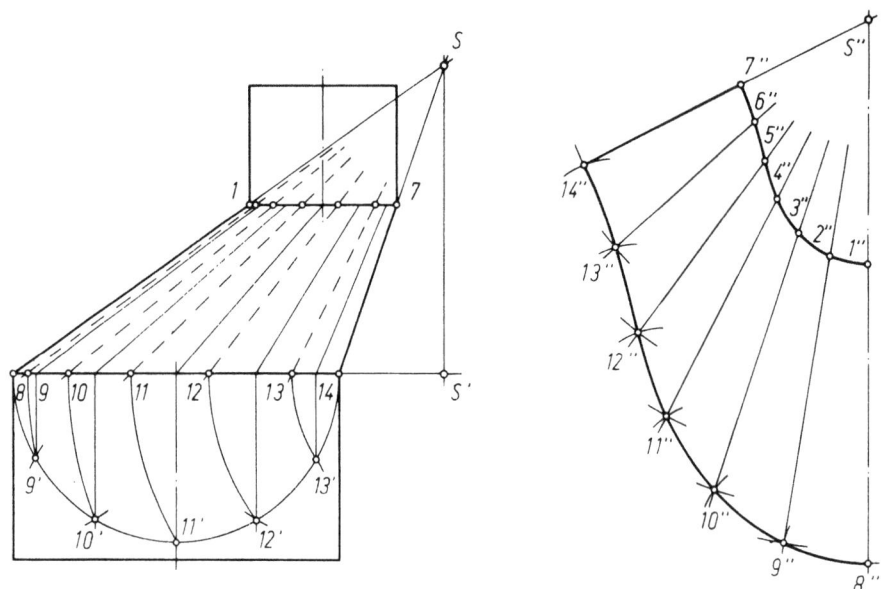

21. Übergangsstück bei Rohren verschiedenen Durchmessers

Vorliegender Abwicklung liegt die Aufgabe zugrunde, zwei verschieden große, außermittig angeordnete Rohre zu verbinden. Um das Übergangsstück aufreißen zu können, müssen zunächst die beiden Rohrdurchmesser, der Abstand der geraden Rohrabschlußkanten sowie die Entfernung der Rohrachsen im Betrieb abgemessen oder aber nach freier Wahl festgelegt werden.

Um den Scheitelpunkt S zu erhalten, verlängern wir die Außenkanten 1 bis 8 und 7 bis 14. Der Halbkreis an der Unterkante des Übergangsstückes wird mit der Zwölferteilung versehen, um die Punkte 9′ bis 13′ zu erhalten. Hierdurch ersparen wir uns den Grundriß. In den Punkten 9′ bis 13′ errichten wir Senkrechte und bringen sie zum Schnitt mit der Abschlußkante 8 bis 14. Diese Schnittpunkte verbinden wir mit Scheitelpunkt S und zeichnen die Mantellinien ein, welche bis zur Oberkante reichen. Diese Mantellinien erscheinen im Aufriß nicht in ihrer wahren Länge.

Daher fällen wir in Scheitelpunkt S ein Lot und bringen es zum Schnitt mit der nach rechts verlängerten Unterkante 8 bis 14. Um den hierbei entstandenen Scheitelpunkt S' schlagen wir nacheinander von den Punkten 9' bis 13' ausgehend Kreisbogen bis zum Schnitt mit der Unterkante 8 bis 14. Hierdurch finden wir die Punkte 9 bis 13. Diese wiederum verbinden wir (gestrichelt gezeichnet) mit dem Scheitelpunkt S und erhalten somit beim Schneiden der Oberkante 1 bis 7 die Punkte 2 bis 6. Der Abstand zweier Punkte auf einer gestrichelten Linie ist die wahre Länge der rechts daneben liegenden Mantellinie. Die Körperkanten 1 bis 8 und 7 bis 14 sind im Aufriß bereits in ihren wahren Längen eingezeichnet. Der zuletzt beschriebene Arbeitsgang ist weiter nichts als das gedachte Drehen des Körpers im Grundriß um den Scheitelpunkt S'.

Diese wahren Längen der Mantellinien übertragen wir mit dem Zirkel in die Abwicklung. Wir beginnen mit der Linie S bis 8 und tragen sie von S" aus an und erhalten Punkt 8". Nun nehmen wir, am besten in einen zweiten Zirkel, die Zwölferteilung und schlagen mit dieser Zirkelöffnung einen Kreisbogen um Punkt 8". Im zweiten Arbeitsgang nehmen wir die wahre Mantellinienlänge von S bis Punkt 9 in den Zirkel und schlagen wieder um S" einen Kreisbogen.

Im Schnittpunkt desselben mit dem vorhin eingezeichneten Kreisbogen der Zwölferteilung liegt Punkt 9". Diesen Punkt verbinden wir durch eine Linie mit dem Scheitelpunkt S". Auch die Punkte 10" bis 14" erhalten wir dadurch, daß wir um S" Kreisbogen mit den wahren Längen der Mantellinien schlagen und dieselben mit dem Kreisbogen der Zwölferteilung zum Schnitt bringen, den wir jeweils um den zuletzt gefundenen Punkt schlagen.

Im allgemeinen wählen wir beim Abtragen von Bogen der Zwölferteilung die Zirkelöffnung ein klein wenig größer als die Sehne zwischen zwei Punkten. Bei vorliegender Abwicklung ist das jedoch nicht nötig, da der Kurvenzug 8" bis 14" ebenfalls gebogen ist. Trotzdem sind die mehr oder weniger gebogenen Kurvenstücke nicht genauso groß wie die Bogenstücke der Zwölferteilung. In dieser Tatsache liegt eine gewisse Ungenauigkeit dieser sonst sehr einfachen Abwicklung, besonders auch im Hinblick darauf, daß sich die kleinen Fehler von Punkt zu Punkt addieren. Die Punkte 8" bis 14" verbinden wir untereinander mit einem Kurvenzug und weiterhin mit je einem Strahl zum Scheitelpunkt S".

Auf den Strahlen der Abwicklung stecken wir nacheinander mit dem Zirkel von S" aus die wahren Längen zwischen Scheitelpunkt S und den Punkten 1 bis 7 ab. Hierdurch legen wir die mit einem Kurvenzug zu verbindenden Punkte 1" bis 7" fest und erhalten die halbe Abwicklung des Übergangsstückes für die versetzt liegenden Rohrleitungen.

Zusammenfassung. Das Übergangsstück ist ein abgestumpfter schiefer Kegel, dessen Form und Größe frei gewählt werden kann. An die Unterkante wird die Zwölferteilung gezeichnet, mit deren Hilfe auch die wahren Längen der Mantellinien (gestrichelt gezeichnet) ermittelt werden. Dieselben werden in die Abwicklung übertragen. Von Punkt 8" ausgehend wird ein Kreisbogen von der Größe der Zwölferteilung mit dem benachbarten Kreisbogen der wahren Länge zum Schnitt gebracht, um einen weiteren Punkt des Kurvenzuges 8" bis 14" zu erhalten. Alle Punkte werden strahlenförmig mit S" verbunden. Auf den Strahlen tragen wir die wahren Längen von S bis zur Oberkante des Übergangsstückes ab, um die Punkte 1" bis 7" zu erhalten. Ein kleiner Nachteil liegt darin, daß die Entfernungen der Punkte entlang des Kurvenzuges 8" bis 14" nicht hundertprozentig zu ermitteln sind.

Der Vorteil dieser Abwicklung liegt darin, daß die Abschlußkanten des großen und kleinen Rohres rechtwinkelig zu den Rohrachsen liegen und somit leicht hergestellt werden können. Wird jedoch von dem Übergangsstück höchste Genauigkeit gefordert, so muß diese Aufgabe gemäß Nr. 31 gelöst werden.

Nr. 22

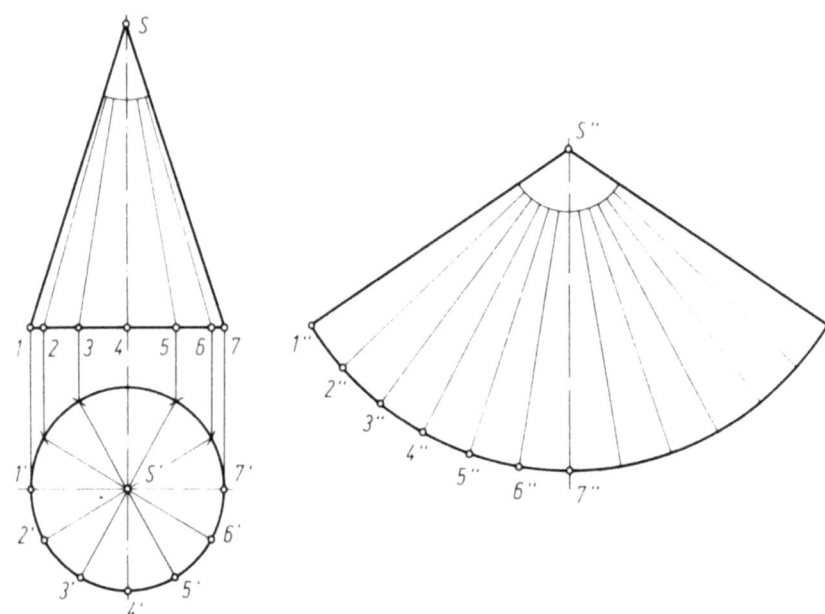

22. Kegel

Den Grundriß versehen wir mit der Zwölferteilung. Anschließend verbinden wir die Punkte 1' bis 7' mit dem Scheitelpunkt S'. Von allen Punkten aus ziehen wir senkrechte Linien in den Aufriß bis zur Unterkante des Kegels. Somit erhalten wir die Punkte 1 bis 7 und können sie mit dem Scheitelpunkt S verbinden.

Um Punkt S'' schlagen wir einen Kreisbogen mit der Zirkelöffnung der Kegelseite, d.h. mit der Strecke zwischen den Punkten S bis 1. Nun nehmen wir die Enfernung der Punkte 1' bis 2' in den Steckzirkel und tragen sie von Punkt 7'' aus sechsmal nach beiden Seiten auf dem Bogen ab. Hierbei ergeben sich die Punkte 1'' bis 7''. Um die Mantellinien einzuzeichnen, verbinden wir diese Punkte mit dem Scheitelpunkt S''.

Bei dieser Abwicklung machen wir einen kleinen Fehler. Der Bogen zwischen den Punkten 1' und 2' ist nämlich ein klein wenig größer als der Bogen zwischen den Punkten 1'' und 2''. Für die meisten Abwicklungen jedoch ist diese Methode genügend genau.

Nr. 23

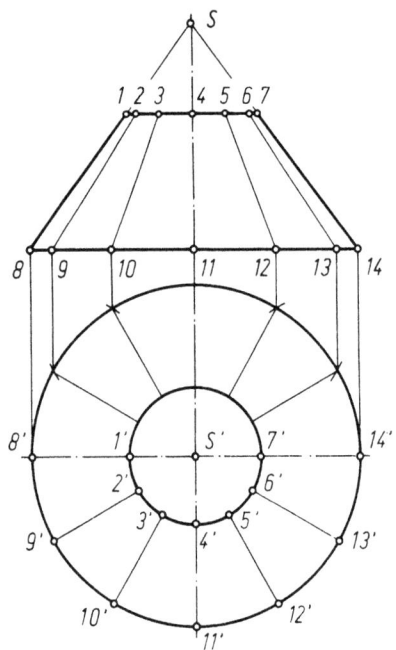
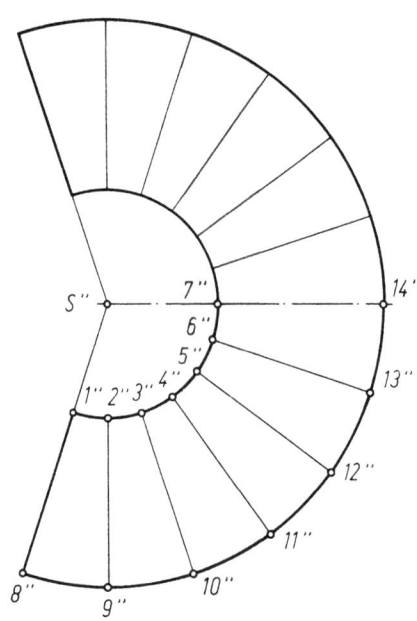

23. Kegelstumpf

Wir zeichnen den Auf- und Grundriß des Kegelstumpfes und ergänzen ihn zu einem vollen Kegel, indem wir die beiden Seiten 1 bis 8 und 7 bis 14 bis zum Schnitt in Scheitelpunkt S verlängern.

Es genügt, wenn wir am großen Kreis des Grundrisses die Zwölferteilung anbringen. Die nun entstandenen Punkte 8′ bis 14′ verbinden wir mit dem Scheitelpunkt S′. Durch das Einzeichnen dieser Mantellinien erhalten wir zwangsläufig die Zwölferteilung des kleinen Kreises bzw. die Punkte 1′ bis 7′. Anschließend ziehen wir von den Punkten 8′ bis 14′ aus senkrechte Linien in den Aufriß und bringen diese mit der Unterkante des Kegelstumpfes zum Schnitt. Hierdurch ergeben sich die Punkte 8 bis 14, welche wir mit dem Scheitelpunkt S verbinden. Dort, wo diese Mantellinien die Oberkante des Kegelstumpfes schneiden, entstehen, wiederum zwangsläufig, die Punkte 1 bis 7.

Die Abwicklung des Kegelstumpfes erfolgt in derselben Art wie beim Kegel, da er ja sozusagen aus einem großen und einem kleinen Kegel entstanden ist, denn die abgeschnittene Spitze ist ja wiederum ein Kegel. Wir nehmen also die „abgeschnittene Kegelseite", d.h. die Entfernung zwischen den Punkten S und 1 in den Zirkel und schlagen um Punkt S″ einen Kreisbogen. Des weiteren schlagen wir ebenfalls um Punkt S″ einen Kreisbogen mit der Zirkelöffnung S bis 8. Auf diesem großen Bogen tragen wir von Punkt 14″ ausgehend nach beiden Seiten sechsmal mit dem Steckzirkel die Entfernung zwischen den Punkten 8′ und 9′ ab. Hierbei machen wir denselben kleinen Fehler wie in der vorhergehenden Abwicklung beim Kegel. Von den soeben erhaltenen Punkten 8″ bis 14″ aus ziehen wir die Mantellinien bis zum Scheitelpunkt S″. In den Schnittpunkten dieser Mantellinien mit dem kleinen Kreisbogen liegen die Punkte 1″ bis 7″.

Nr. 24

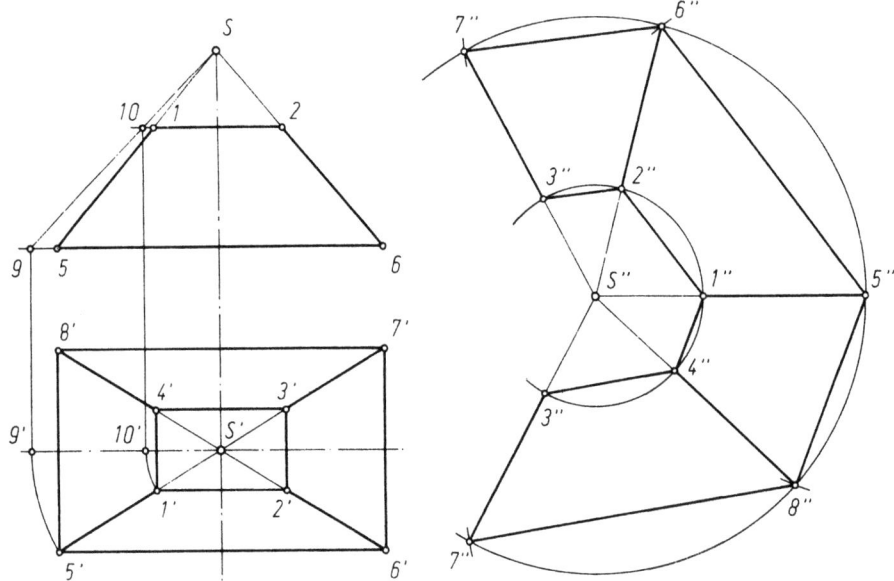

24. Abgestumpfte Pyramide

Die nachfolgend beschriebene Abwicklung gilt auch für Pyramiden mit quadratischer Grundfläche. Nachdem wir den Auf- und Grundriß gezeichnet haben, nehmen wir im Grundriß die Entfernung S′ bis 5′ in den Zirkel und schlagen um den Scheitelpunkt S′ einen Kreisbogen bis zum Schnitt mit der waagerechten Mittellinie. Es entsteht Punkt 9′. Von hier aus ziehen wir eine Senkrechte in den Aufriß bis zum Schnitt mit der nach links verlängerten Unterkante. Wir erhalten somit Punkt 9. Diesen verbinden wir mit dem Scheitelpunkt S.

Auch die Oberkante ziehen wir nach links heraus bis zum Schnitt mit der Linie 9 bis S. Wir finden nun Punkt 10, welchen wir allerdings auch auf eine andere Art ermitteln können. Wir stecken den Zirkel in Punkt S′ ein und beschreiben von Punkt 1′ aus einen Kreisbogen. Wo dieser die waagerechte Mittellinie schneidet, liegt Punkt 10′. Die Senkrechte über diesem Punkt muß im Aufriß die Linie 9 bis S in dem vorhin ermittelten Punkt 10 schneiden.

Wir nehmen nun nacheinander die Entfernungen zwischen den Punkten S bis 9 sowie S bis 10 in den Zirkel und schlagen um den Scheitelpunkt S″ mit diesen Zirkelöffnungen zwei Kreisbögen. Von S″ aus ziehen wir einen Strahl in beliebiger Richtung und erhalten die Punkte 1″ und 5″. Wir nehmen nun die Entfernung zwischen den Punkten 5′ bis 6′ in den Zirkel und tragen sie auf dem äußeren Kreisbogen von Punkt 5″ aus ab. Wir erhalten dabei Punkt 6″. Weiterhin greifen wir im Grundriß mit dem Zirkel die Entfernung zwischen den Punkten 5′ bis 8′ ab und tragen sie ebenfalls auf dem äußeren Kreisbogen von Punkt 5″ und 6″ aus ab. Somit haben wir auch die Punkte 8″ und 7″ ermittelt. Zuletzt tragen wir nochmals die große Seitenlänge ab, um den zweiten Punkt 7″ zu erhalten.

Von den Punkten 7″, 6″, 5″ und 8″ aus ziehen wir Linien zum Scheitelpunkt S″. Dort, wo diese Linien den inneren Kreis schneiden, liegen die Punkte 1″ bis 4″. Diese verbinden wir untereinander mit je einer Geraden. Die Entfernungen zwischen den Punkten 1″ bis 2″ und 1″ bis 4″ müssen zwangsläufig mit den Entfernungen 1′ bis 2′ und 1′ bis 4′ aus dem Grundriß übereinstimmen.

Zusammenfassung. Zuerst Ermittlung der wahren Längen 9 bis S und 10 bis S, durch Drehung des Körpers im Grundriß. Die Punkte 9′ und 10′ in den Aufriß projizieren und mit der Ober- und Unterkante zum Schnitt bringen. In der Abwicklung Kreisbögen schlagen mit den wahren Kantenlängen 9 bis S und 10 bis S. Auf dem äußeren Bogen die langen und kurzen Unterkanten abtragen und die gefundenen Punkte mit dem Scheitelpunkt verbinden.

Diese Pyramide kann in einen Kegel hineingestellt werden, welcher in der Abwicklung genau dieselben Kreisbögen aufweist.

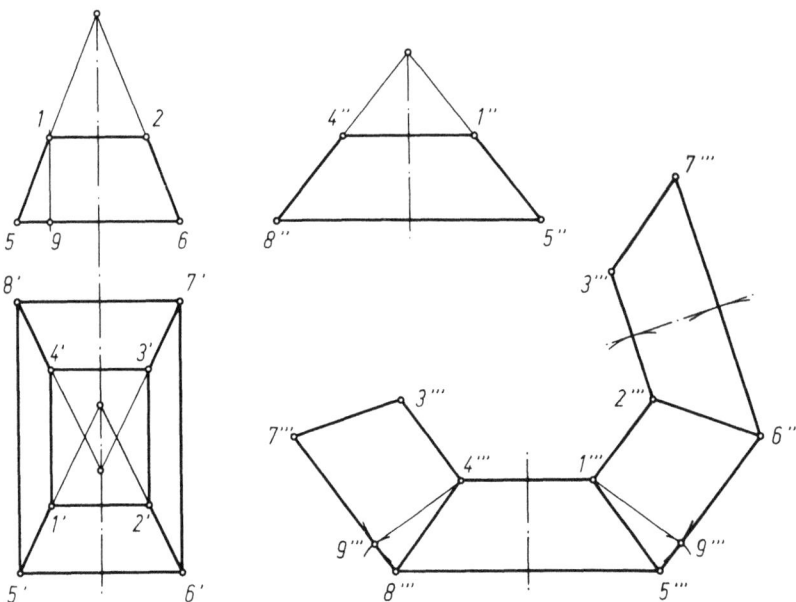

25. Abgestumpfte Pyramide ohne gemeinsamen Scheitelpunkt

Die zwei Paar gegenüberliegenden Pyramidenseiten haben bei vorliegender Abwicklung im Gegensatz zur vorhergehenden Abwicklung keinen gemeinsamen Scheitelpunkt. Aus diesem Grunde läßt sich dieser Pyramidenstumpf nicht wie ein Kegel abwickeln. Auch kann man diesen Pyramidenstumpf in keinen Kegel hineinstellen.

Für die Abwicklung benötigen wir neben dem Auf- und Grundriß auch noch den Seitenriß. Zuerst tragen wir uns die Strecke zwischen den Punkten 8''' bis 5''' auf. Diese greifen wir im Seitenriß ab. Senkrecht zu dieser Linie zeichnen wir die Mittellinie ein, auf welcher wir die Entfernung zwischen den Punkten 2 bis 6 des Aufrisses abtragen. Hierauf zeichnen wir in diesem Punkt eine Parallele zur Strecke 8''' bis 5'''. Auf dieser Parallelen tragen wir von der Mittellinie aus die Punkte 4''' und 1''' ab. Diese Entfernungen entnehmen wir ebenfalls dem Seitenriß, und zwar von der Mittellinie bis zu den Punkten 4'' und 1''.

Punkt 9 liegt im Aufriß senkrecht unter Punkt 1. Wir nehmen nun die Entfernung zwischen den Punkten 9 und 5 in den Zirkel und schlagen um die Punkte 8''' und 5''' je einen Kreisbogen. Weiterhin greifen wir die Entfernung zwischen den Punkten 4'' bis 8'' im Seitenriß ab und schlagen mit dieser Zirkelöffnung je einen Kreisbogen um die Punkte 4''' und 1'''. Dort, wo sich die beiden Kreisbogen schneiden liegt jeweils der Punkt 9'''. Die Punkte 5''' und 9''' bzw. 8''' und 9''' verbinden wir mit je einer Linie, welche wir noch entsprechend verlängern. Auf diesen Linien tragen wir die Punkte 6''' und 7''' auf. Die Entfernungen entnehmen wir dem Aufriß, und zwar zwischen den Punkten 5 bis 6. Parallel zu den Linien 5''' bis 6''' sowie 8''' bis 7''' ziehen wir in den Punkten 1''' und 4''' zwei weitere Linien. Auf diesen tragen wir die Punkte 2''' und 3''' an. Die Entfernungen entnehmen wir wieder dem Aufriß, und zwar zwischen den Punkten 1 bis 2.

In derselben Art, wie wir die beiden kleinen Seiten ermittelt haben, könnten wir auch noch die fehlende große Seite aufreißen.

Wir wollen diese große Seite jedoch noch einmal nach einer anderen Methode aufzeichnen.

Dem Seitenriß entnehmen wir die Entfernungen von der Mittellinie bis zum Punkt 8'' und schlagen mit dieser Zirkelöffnung einen Kreisbogen um Punkt 6'''. Hieran anschließend greifen wir mit dem Zirkel die Entfernung zwischen der Mittellinie und Punkt 4'' ab und schlagen einen Kreisbogen um Punkt 2'''. Nun zeichnen wir die Mittellinie als gemeinsame Tangente an die beiden Kreisbogen. Von den Punkten 2''' und 6''' aus ziehen wir 2 Linien durch die beiden Berührungspunkte zwischen Kreisbogen und Tangente. Anschließend tragen wir noch mit denselben Zirkelöffnungen von vorhin die Punkte 3''' und 7''' ab.

Ist gegen diese beiden Abwicklungsmethoden etwas einzuwenden? Nein! Und dennoch bleibt die Frage offen: „Wurde genau gezeichnet?". Ein überzeugtes „Ja" würde hier folgen. Wenn wir ehrlich sind, müssen wir zugeben, daß man nichts hundertprozentig genau aufreißen kann. Von der Richtigkeit dieser Behauptung kann sich jeder selbst überzeugen, indem er diese Abwicklung noch einmal auf Transparentpapier (durchsichtiges Papier) zeichnet und diese zur Kontrolle auf die erste Abwicklung legt.

Was ist da zu tun? Ganz einfach! Warum einfach, wenn's auch kompliziert geht! Die abgestumpfte Pyramide wickelt man überhaupt nicht ab. Lediglich die zwei Seiten werden aufgerissen, aber nicht erst auf's Papier, sondern direkt auf's Blech. Die Form der beiden Seiten sowie die Entfernungen zwischen den Punkten 1 bis 2, 5 bis 6, 4'' bis 1'' und 8'' bis 5'' sind im Auf- und Seitenriß gegeben. Nur die Höhen der beiden Seiten ändern sich, d. h. wir brauchen ihre w a h r e Entfernung. Diese greifen wir für die kleine Seite zwischen den Punkten 4'' bis 8'' und für die große Seite zwischen den Punkten 1 bis 5 ab. Diese beiden aufgerissenen Seiten werden ausgeschnitten und als Schablone für die beiden anderen Seiten benützt. Der Körper wird nun zusammengesetzt und in den Kanten geschweißt oder gelötet. Nachteil: Anstatt einer Naht vier Nähte. Abschließend sei noch bemerkt, daß man die zuletzt aufgezeigte Methode selbstverständlich auch bei der Pyramide der vorhergehenden Nummer anwenden kann.

Nr. 26

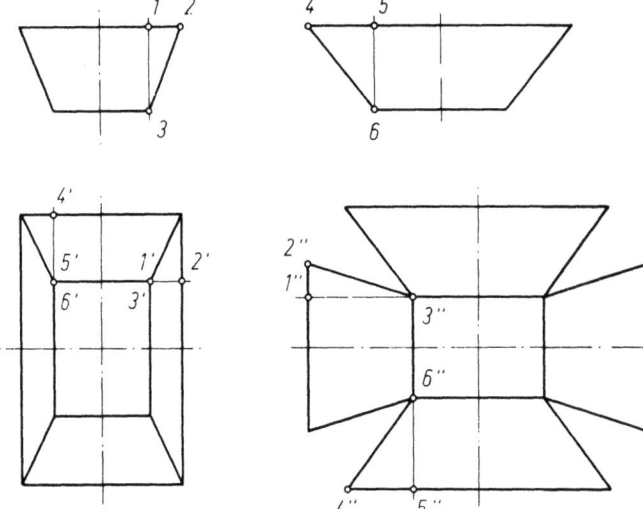

26. Behälter

Den Behälter reißen wir uns in drei Ansichten auf. Die Neigungen der Seitenwände können wir beliebig wählen.

Von der Abwicklung zeichnen wir zunächst die rechteckige Grundfläche. Die Größe derselben ist uns bereits im Grundriß gegeben. Wir nehmen die Entfernungen der Punkte 2 bis 3 in den Zirkel und übertragen sie in die Abwicklung, und zwar auf der verlängerten Seitenlinie 3″ bis 6″ von Punkt 6″ aus nach unten. Wir erhalten Punkt 5″. Rechtwinkelig zur Linie 3″ bis 6″ ziehen wir in Punkt 3″ eine Hilfslinie. Dies ist die Verlängerung der anderen Seitenlinie. Auf dieser Linie tragen wir von Punkt 3″ aus die Entfernung zwischen den Punkten 4 bis 6 aus dem Seitenriß ab. Hierdurch erhalten wir Punkt 1″. Die Entfernungen zwischen den Punkten 1″ bis 3″ und 5″ bis 6″ sind weiter nichts als die wahren Seitenhöhen.

In den Punkten 1″ und 5″ ziehen wir parallel zu der langen und kurzen Seitenlinie je eine weitere Linie. Auf ihnen tragen wir von Punkt 1″ die Entfernung zwischen den Punkten 1 bis 2 aus dem Aufriß ab, um Punkt 2″ zu erhalten und von Punkt 5″ die Entfernung zwischen den Punkten 4 bis 5 aus dem Seitenriß, um Punkt 4″ zu ermitteln. Abschließend verbinden wir noch die Punkte 2″ und 3″ sowie 4″ und 6″. Alle anderen Ecken werden in derselben Weise ermittelt. Wir haben nun wieder einmal Gelegenheit, unsere Genauigkeit beim Zeichnen zu prüfen. Die zuletzt genannten Strecken müssen nämlich gleich groß sein. Auch hier sei noch erwähnt, daß man diesen Behälter ebenfalls noch anders abwickeln kann. Im zweiten Fall würden die vier Seiten sowie die rechteckige Grundfläche des Behälters ausgeschnitten und zusammengeschweißt.

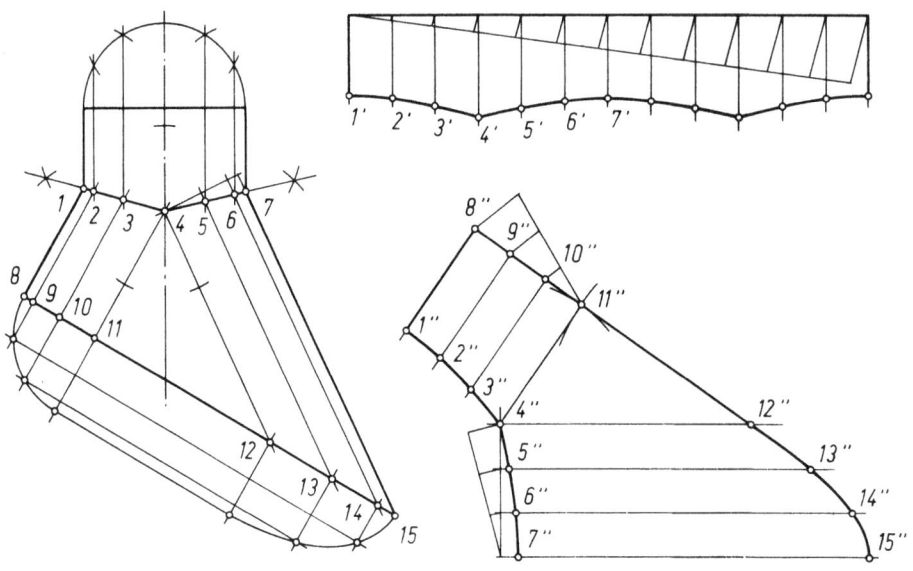

27. Abzughaube

Die Unterkante der Abzughaube wird der Dachschräge angepaßt. Die Körperkante 1 bis 8 steht senkrecht zur Dachneigung. Die Körperkante 7 bis 15 kann in ihrer Neigung frei gewählt werden. Der Rohrdurchmesser wird entsprechend der Absaugleistung festgelegt.

Die Durchdringungskanten 1 bis 4 und 4 bis 7 sind gerade Linien und stellen die Winkelhalbierenden von den Körperkanten der Abzughaube und den Außenkanten des Rohres dar. Wir schlagen also um Punkt 4 drei Kreisbogen und halbieren die beiden Winkel.

An die obere Abschlußkante des Rohres tragen wir die Zwölferteilung an und zeichnen die Mantellinien ein. Die Mantellinien der Haube zeichnen wir parallel zu den Körperkanten 1 bis 8 und 7 bis 15 ein und erhalten somit die Punkte 8 bis 15.

An die Unterkante der Haube zeichnen wir noch die Hälfte der Öffnung für das Dach. Wir schlagen um Punkt 11 einen Viertelkreis mit dem Radius des Rohres und versehen denselben mit der Zwölferteilung. Hierbei entstehen drei neue Punkte, von denen aus wir, parallel zur Hauben-Unterkante, Hilfslinien einzeichnen. In den Punkten 12, 13 und 14 zeichnen wir ebenfalls Hilfslinien, die senkrecht zur Unterkante liegen müssen und bringen diese zum Schnitt mit den vorhin erwähnten Hilfslinien. Hierdurch entstehen wieder drei Punkte, welche wir mit einem Kurvenzug verbinden.

Für die Abwicklung des Rohres errechnen wir uns den Umfang und teilen ihn geometrisch in zwölf Teile. Auf den Mantellinien tragen wir die im Aufriß entnommenen Entfernungen zwischen der geraden Rohrabschlußkante und den Punkten 1 bis 7 ab. Die Punkte 1′ bis 4′ und 4′ bis 7′ verbinden wir mit je einem Kurvenzug, so daß bei Punkt 4′ der auch im Aufriß ersichtliche Knick entsteht.

Die Abwicklung der Haube ist in der Abbildung nur halb gezeichnet. Wir beginnen mit dem Auftragen der Mantellinie 7 bis 15, wodurch wir die Punkte 7″ und 15″ festlegen. Im Aufriß zeichnen wir von Punkt 4 ausgehend noch eine Hilfslinie ein, die rechtwinkelig zu den Mantellinien und der Körperkante 7 bis 15 liegt. Den kleinen Abstand von Punkt 7 bis zur soeben eingezeichneten Hilfslinie nehmen wir in den Steckzirkel und tragen ihn in der Abwicklung von Punkt 7″ aus nach links an. In dem entstehenden Schnittpunkt errichten wir eine Senkrechte. Auf dieser tragen wir den vierten Teil des errechneten Rohrumfanges an und erhalten Punkt 4″.

Diese, nunmehr begrenzte Senkrechte, teilen wir geometrisch in drei gleiche Teile. Dies ist möglich, weil die von den Punkten 4, 7, 12 und 15 sowie 1, 4, 11 und 8 begrenzten Teile der Abzughaube aus Rohrhälften bestehen. Von den durch die geometrische Teilung erhaltenen Punkten aus ziehen wir parallel zur Mantellinie 7″ bis 15″ weitere Mantellinien. Auf ihnen tragen wir von der linken Hilfslinie aus die kleinen Entfernungen an, welche wir im Aufriß zwischen den Punkten 5 und 6 und der Hilfslinie abgreifen. Wir erhalten so die Punkte 5″ und 6″.

Anschließend legen wir uns die Punkte 12″, 13″ und 14″ fest. Ihre Abstände bis zur Hilfslinie entnehmen wir dem Aufriß ebenfalls von der Hilfslinie bis zu den Punkten 12, 13 und 14. Nun nehmen wir die Strecke zwischen Punkt 4 und 11 in den Zirkel und schlagen um Punkt 4″ einen Kreisbogen. Des weiteren nehmen wir die Entfernung von Punkt 12 bis Punkt 11 in den Zirkel und schlagen um Punkt 12″ einen Kreisbogen. Im Schnittpunkt der beiden Kreisbogen liegt Punkt 11″.

Wir verlängern die Linie 11″ bis 12″ und tragen auf ihr den schon vorher errechneten vierten Teil des Rohrumfanges an und teilen ihn geometrisch in drei Teile. In den so festgelegten Punkten zeichnen wir drei Mantellinien, welche diesmal jedoch zur Mantellinie 4″ bis 11″ parallel verlaufen müssen. Auf diesen Mantellinien tragen wir noch die Längen ab, welche wir im Aufriß zwischen den Punkten 1 bis 3 und 8 bis 10 abgreifen. Die Punkte 1″ bis 7″ sowie 12″ bis 15″ verbinden wir mit je einem Kurvenzug und erhalten somit die halbe Abwicklung der Abzughaube.

Zusammenfassung. Die Körperkante 1 bis 8 steht senkrecht auf der Dachschrägen 8 bis 15. Von Punkt 4 ausgehend wird unter 90° zur Mantellinie 4 bis 12 eine Hilfslinie gezeichnet, welche auch für die Abwicklung benötigt wird. Diese Hilfslinie wird in der Abwicklung geometrisch 3fach unterteilt, da das Zwischenstück der Abzughaube aus zwei Rohrhälften besteht. Alle Mantellinien erscheinen im Aufriß in ihrer wahren Länge.

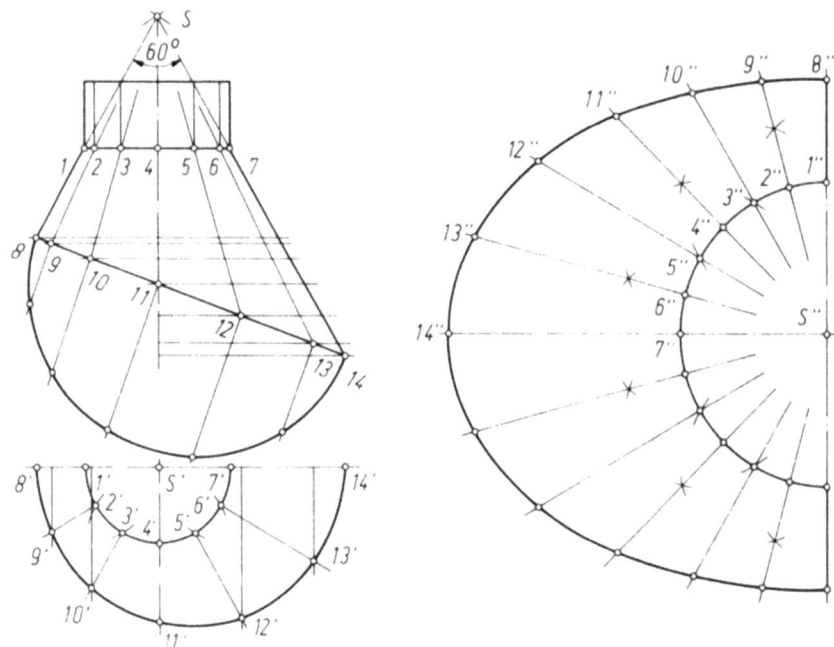

28. Abzughaube

Die in der Abbildung gezeigte Abzughaube hat die geometrische Figur eines Kegelstumpfes, dessen untere schräge Abschlußkante entsprechend der Dachneigung gewählt wird. Die nachstehend beschriebene Abwicklung hat nur dann Gültigkeit, wenn der Winkel dieses Kegelstumpfes 60° beträgt, da ja lt. Nr. 50 der Winkel $\beta = 180 \times \sin \alpha$ ist. Somit ist $\beta = 180 \times \sin 30° = 180 \times 0,5 = 90°$, d. h., daß die beiden Mantellinien 1 bis 8 in der Abwicklung um 180° verdreht eingezeichnet werden bzw. daß die beiden Mantellinien auf einer gemeinsamen Geraden liegen. Aus diesem Grunde erscheint die obere Kante des Kegelstumpfes in der Abwicklung als Halbkreis, den wir mit dem Zirkel exakt in 12 Bogenstücke teilen können. Immer dann, wenn wir den Winkel des Kegelstumpfes mit 60° annehmen, können wir diese Abzughaube genau abwickeln.

Die Öffnung im Dache kann ebenfalls genau ermittelt werden. In der Praxis wird man jedoch meistens zuerst die Abzughaube anfertigen und dann die Öffnung im Dache herstellen, indem die Öffnung mit Hilfe der fertigen Abzughaube angerissen wird.

Als erstes wird im Grundriß der Halbkreis des Rohres mit der Zwölferteilung versehen und im Aufriß das Rohrstück mit seinen Mantellinien gezeichnet. Hierbei entstehen an der Rohrunterkante die Punkte 1 bis 7. Um die Punkte 1 und 7 schlagen wir je einen Kreisbogen mit der Zirkelöffnung des Rohrdurchmessers und erhalten hierdurch den Scheitelpunkt S. Durch Verbinden dieser drei Punkte entsteht ein gleichseitig gleichwinkeliges Dreieck von 60°.

Nun zeichnen wir im Auf- und Grundriß die strahlenförmig vom Scheitelpunkt ausgehenden Mantellinien ein. Entsprechend der Neigung des Daches wird die Unterkante der Haube im Aufriß eingezeichnet. Wir erhalten somit die Punkte 8 bis 14.

In den Punkten 9 bis 13 ziehen wir waagerechte Hilfslinien nach rechts bis zum Schnitt mit der Körperkante 7 bis 14. Die Entfernungen von den hierbei entstehenden Schnittpunkten bis zur Kegelachse nehmen wir nacheinander in den Steckzirkel und tragen sie im Grundriß vom Scheitelpunkt S' aus auf die jeweilige Mantellinie ab. Wir ermitteln hierdurch die Punkte 8' bis 14'.

Wie könnten wir die Punkte noch ermitteln? – Ganz einfach! Die Punkte 8 bis 14 werden heruntergelotet bis zum Schnitt mit der dazugehörigen Mantellinie des Grundrisses. Von den Punkten 9' bis 13' aus ziehen wir Senkrechte bis zur Mittellinie 8' bis 14' und erhalten somit die wahren Abstände für die Dachöffnung. Im Aufriß ziehen wir in den Punkten 9 bis 13 senkrecht zur Unterkante Linien nach unten links. Auf ihnen tragen wir nacheinander mit dem Steckzirkel die Strecken ab, welche wir vorhin im Grundriß ermittelt haben. Es waren die Entfernungen zwischen den Punkten 9' bis 13' und der waagerechten Mittellinie. Verbinden wir die soeben gefundenen Punkte mit einem Kurvenzug, so erhalten wir die genaue Form der halben Dachöffnung.

Nun zur Abwicklung! Wir nehmen die Entfernung zwischen den Punkten S und 1 oder den Rohrdurchmesser in den Zirkel und schlagen um Punkt S" einen Halbkreis. Denselben teilen wir zunächst in 6 Teile und erhalten hierdurch die Punkte 3" und 5". Dann werden diese 30°-Bogenstücke nochmals halbiert (um Punkt 1" und 3" je einen Kreisbogen mit derselben Zirkelöffnung). Durch den Schnittpunkt der beiden Kreisbögen ziehen wir von Punkt S" aus einen Strahl nach außen. Auf diese Weise finden wir außer Punkt 2" auch noch die Punkte 4" und 6". Vom Scheitelpunkt S" aus ziehen wir ebenfalls noch Strahlen durch die Punkte 3" und 5". Auf den Strahlen werden die wahren Längen der Mantellinien mit dem Steckzirkel abgetragen. Dieselben entnehmen wir dem Aufriß. Die Entfernungen vom Scheitelpunkt S bis zu den einzelnen Schnittpunkten der waagerechten Hilfslinien mit der Körperkante 7 bis 14 geben uns die Größe der wahren Längen der einzelnen Mantellinien. Wir denken uns hierbei den Körper um seine senkrechte Achse gedreht. Die ermittelten Punkte 8" bis 14" verbinden wir mit einem Kurvenzug, die Punkte 8" und 1" mit einer Geraden.

Zusammenfassung. Den Winkel des Kegelstumpfes legen wir mit 60° fest, damit die Abwicklung exakt zu ermitteln ist. Die obere Abschlußkante des Kegelstumpfes ergibt in der Abwicklung einen Halbkreis. Auf den Strahlen tragen wir die wahren Längen der Mantellinien ab.

Für die Praxis bedeutet die unregelmäßige Öffnung der Dachhaut einen Nachteil, der jedoch von dem Vorteil der besseren Strömungsverhältnisse – es handelt sich ja um eine Abzughaube – wieder aufgehoben wird.

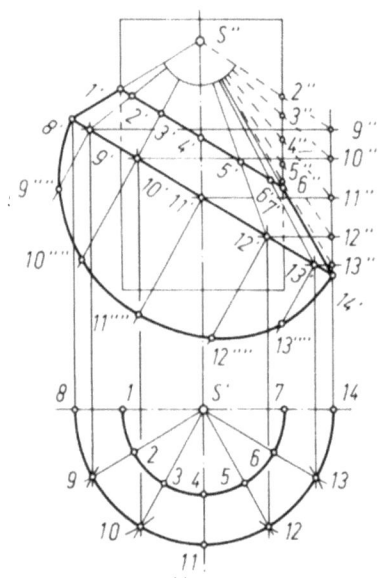
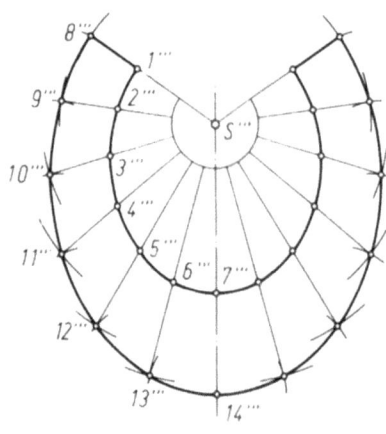

29. Kragen

Dort, wo Rohrleitungen durch Dächer hindurchtreten, werden diese Kragen als Regenschutz angebracht. Der untere Rand des Kragens soll an jeder Stelle des Umfanges gleich weit vom Rohr entfernt sein. Das heißt also, daß der untere und obere Rand im Grundriß als Kreis erscheinen.

Der große Halbkreis wird im Grundriß mit der Zwölferteilung versehen. Von den Punkten 8 bis 14 aus ziehen wir die Mantellinien bis zum Zentrum S'. Anschließend errichten wir in diesen Punkten Senkrechte und bringen sie zum Schnitt mit der Unterkante des Kragens. Wir erhalten somit die Punkte 8' bis 14'. Die beiden Außenkanten 1' bis 8' sowie 7' bis 14' werden durch verlängern nach oben zum Schnitt gebracht. Es entsteht der Scheitelpunkt S''. Die vorhin ermittelten Punkte 8' bis 14' verbinden wir jetzt mit S''. Hiermit haben wir die Mantellinien im Aufriß festgelegt. In den Schnittpunkten dieser Mantellinien mit der Oberkante des Kragens liegen die Punkte 1' bis 7'.

Für die Abwicklung benötigen wir jedoch die wahren Längen dieser Mantellinien. Wir ziehen deshalb von den Punkten 9′ bis 13′ waagerechte Linien nach rechts bis zum Schnitt mit der in Punkt 14′ zu errichtenden Senkrechten. Die so ermittelten Punkte 9″ bis 13″ verbinden, am besten durch gestrichelte Linien, mit dem Scheitelpunkt S″. Hierbei erhalten wir gleichzeitig die Punkte 2″ bis 6″ in den Schnittpunkten dieser Verbindungslinien mit der rechten Körperkante des Rohres.

Wie aber erklärt sich diese Ermittlung der wahren Längen?

Wir denken uns den Körper um die senkrecht stehende Achse des Rohres gedreht, und zwar so lange, bis die jeweilige Mantellinie in Richtung der waagerechten Mittellinie im Grundriß zu liegen kommt. Die Punkte 9′ bis 13′ erzeugen beim Drehen waagerechte Linien. Zu Anfang dieser Beschreibung hatten wir ja vorausgesetzt, daß jeder Punkt der Kragenunterkante dieselbe Entfernung zur Rohr-Außenkante hat. Die Punkte wandern also beim Drehen alle bis zur Senkrechten in Punkt 14′. Die gestrichelten Linien zwischen den Punkten 2″ bis 9″ und 6″ bis 13″ bzw. zwischen dem Scheitelpunkt S″ und den Punkten 2″ bis 6″ stellen die wahren Längen der Mantellinien dar. Die Mantellinien 1′ bis 8′ und 7′ bis 14′ bzw. die Entfernungen zwischen dem Scheitelpunkt S″ und den Punkten 1′ bzw. 7′ erscheinen bereits im Aufriß in ihrer wahren Länge. Die Punkte 2″ bis 6″ könnten wir natürlich auch durch Einzeichnen waagerechter Linien von den Punkten 2′ bis 6′ aus finden.

Für die Abwicklung benötigen wir weiterhin noch den „wahren Grundriß" oder sagen wir besser: Die genaue Form der Kragenunterkante. Wir zeichnen also senkrecht zu dieser Unterkante in den Punkten 9′ bis 13′ Hilfslinien. Auf diesen tragen wir die Entfernungen zwischen den Punkten 9 bis 13 und der waagerechten Mittellinie im Grundriß ab, d. h. also die Projektion dieser Punkte. Hierdurch entstehen die Punkte 9″″ bis 13″″.

Nachdem diese Vorarbeiten erledigt sind, beginnen wir mit dem Aufreißen der Abwicklung. Von Punkt S‴ aus tragen wir auf der Mittellinie den Punkt 14‴ an. Nun nehmen wir aus dem Aufriß die Entfernung zwischen den Punkten 14′ bis 13″″ in den Zirkel und schlagen um Punkt 14‴ einen Kreisbogen (diesmal brauchen wir keine Berichtigung vorzunehmen, da wir sowohl einen Bogen abgreifen, als auch einen Bogen abtragen). Des weiteren schlagen wir einen Kreisbogen um Punkt S‴ mit der Zirkelöffnung S″ bis 13″. Im Schnittpunkt dieser beiden Kreisbögen liegt Punkt 13‴. Alle übrigen Punkte, nämlich 12‴ bis 8‴, finden wir in derselben Weise. Also jeweils mit den wahren Längen der Mantellinien um Punkt S‴ Kreisbögen schlagen und dann nacheinander mit den Entfernungen 13″″ bis 12″″, 12″″ bis 11″″, 11″″ bis 10″″, 10″″ bis 9″″ und 9″″ bis 8′ den nächsten Punkt auf dem nächstinneren Kreisbogen abtragen.

Die Punkte 8‴ bis 13‴ verbinden wir mit dem Scheitelpunkt S‴. Auf diesen Verbindungslinien tragen wir nacheinander von Scheitelpunkt S‴ aus die Entfernungen zwischen den Punkten 2″ bis 6″ und dem Scheitelpunkt S″ sowie 1′ und 7′ bis S″ ab. Somit erhalten wir noch die Punkte 1‴ bis 7‴. Abschließend verbinden wir die gefundenen Punkte durch Kurvenzüge.

Zusammenfassung. Bei festliegender Dachneigung und gegebenem Rohrdurchmesser wird der äußere Kragendurchmesser frei gewählt und im Grundriß mit der Zwölferteilung versehen. Die entstandenen Punkte projizieren wir in den Aufriß, so daß Schnittpunkte mit der Kragenunterkante entstehen. Dieselben verbinden wir mit dem konstruktiv festzulegenden Scheitelpunkt S″. Die wahren Längen dieser strahlenförmigen Mantellinien zeichnen wir als kurze Bogen in die Abwicklung. Mit der Zwölferteilung schlagen wir um Punkt 14‴ einen Kreisbogen und erhalten den Nachbarpunkt u.s.f. In der Tatsache, daß die Bogenstücke der Abwicklung mit den Bogenstücken der Zwölferteilung nicht kongruent sind, liegt eine kleine Ungenauigkeit dieser Abwicklung.

Nr. 30

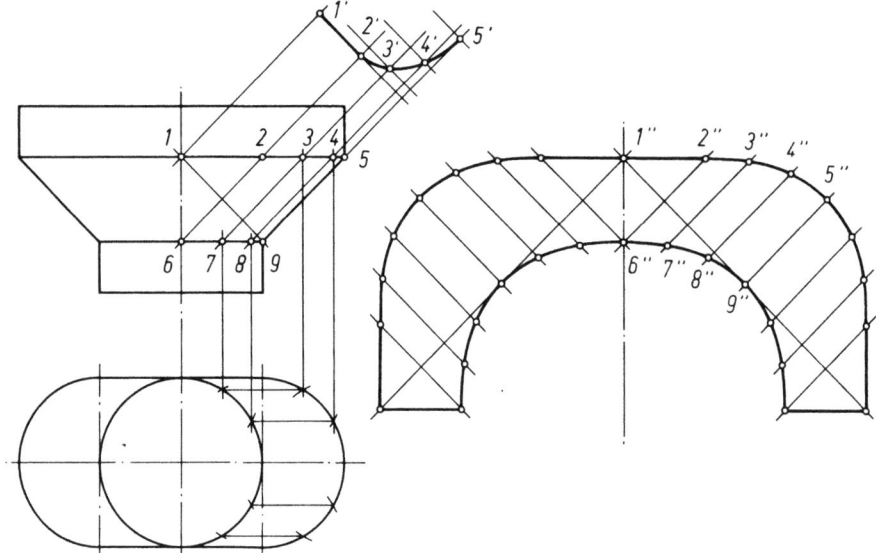

30. Einlaufkasten für zwei Rohre

Wenn der Durchmesser der 3 Regen-Fallrohre bekannt ist, können Auf- und Grundriß gezeichnet werden. Im Grundriß bringen wir an das mittlere und rechte Rohr die Zwölferteilung an und verbinden die Punkte mit den Mantellinien. Diese Punkte der Zwölferteilung projizieren wir in den Aufriß und erhalten beim Schnitt mit der Ober- und Unterkante des Einlaufkastens die Punkte 2, 3 und 4 sowie 7 und 8. Dieselben verbinden wir miteinander und erhalten die Mantellinien, welche parallel zur Körperkante 5 bis 9 verlaufen. Diese Mantellinien ziehen wir jedoch sofort über die Punkte 1 bis 5 hinaus, damit wir den Querschnitt vom Einlaufkasten aufreißen können. Wir legen Punkt 5' fest und tragen von ihm aus die Projektion der Zwölferteilung ab. Dieselbe greifen wir mit dem Steckzirkel von Punkt 6 aus bis zu den Punkten 7, 8 und 9 ab. Die Punkte 1' bis 5' verbinden wir mit einem Kurvenzug und erhalten so den halben Querschnitt in der Schnittebene von Punkt 1 nach Punkt 9. Diese beiden Punkte wollen wir abschließend mit einer Hilfslinie verbinden.

Von der Abwicklung des Einlaufkastens reißen wir uns als erstes die Mittellinie und das Dreieck 1'', 2'', 6'' auf, dessen Größe wir dem Aufriß entnehmen. Unter 90° zur Mantellinie 2'' bis 6'' zeichnen wir von Punkt 1'' aus eine Hilfslinie ein, auf der wir anschließend hintereinander die Abstände der Mantellinien abtragen. Die Entfernung zwischen Punkt 1'' und der Mantellinie 2'' bis 6'' muß so groß sein wie die Strecke von Punkt 1' bis Punkt 2' im Querschnitt. Beim Abtragen der Strecken mit dem Steckzirkel zwischen den Punkten 2' bis 3', 3' bis 4' und 4' bis 5' müssen wir das alte Problem „Bogen und Sehne" berücksichtigen.

Hierin liegt ein kleiner Nachteil vorliegender Abwicklung. In den abgetragenen Punkten zeichnen wir die parallel verlaufenden Mantellinien ein und tragen auf ihnen die Punkte 3'', 4'' und 5'' sowie 7'' und 8'' ein. Ihre Entfernungen von der Hilfslinie sind genauso groß wie die Entfernungen der Punkte 3, 4 und 5 sowie 7 und 8 bis zur Hilfslinie im Aufriß. Der Rest der Abwicklung sowie die zweite Hälfte ist, wie aus der Zeichnung ersichtlich, spiegelbildlich. Die Punkte 2'' bis 5'' sowie 6'' bis 9'' verbinden wir mit einem Kurvenzug, die übrigen Punkte mit Geraden.

Zusammenfassung. Zwei Rohre des Grundrisses erhalten die Zwölferteilung, deren Punkte in den Aufriß projiziert werden, um dort die Mantellinien einzeichnen zu können. Der Querschnitt des Einlaufkastens muß in der Schnittebene der Punkte 1 und 9 ermittelt werden, um die auf der Hilfslinie in der Abwicklung abzutragenden Entfernungen der Mantellinien zu erhalten.

Hierin liegt eine kleine Ungenauigkeit dieser Abwicklung, da diese Entfernungen im Querschnitt als Bogen in Erscheinung treten. Alle Punkte der Abwicklung können im Aufriß, an der entsprechenden Mantellinie von der Hilfslinie zwischen den Punkten 1 bis 9 aus, abgegriffen werden.

Nr. 31

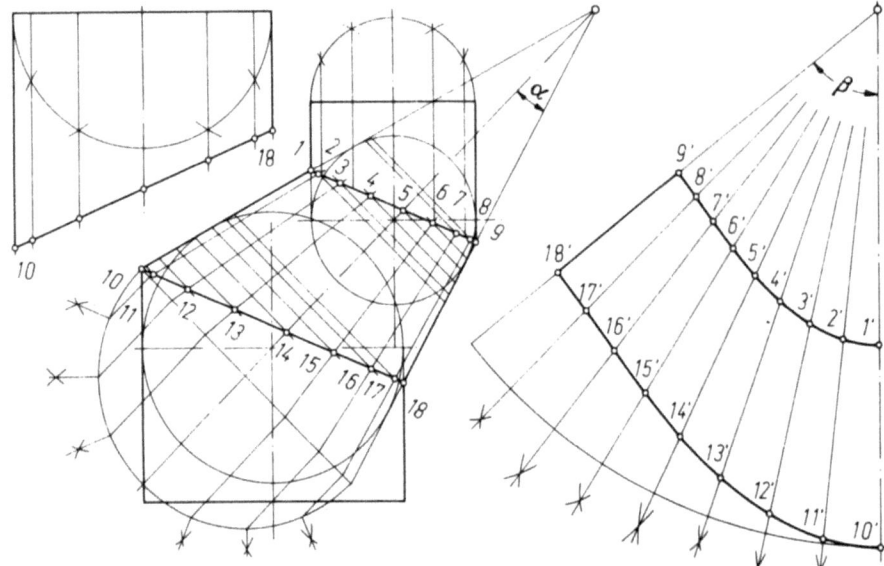

31. Übergangsstück bei Rohren verschiedenen Durchmessers

Vorliegendes Übergangsstück kann im Gegensatz zur Nr. 21 genau abgewickelt werden. Der erforderliche Arbeitsaufwand für die Herstellung des Körpers ist in beiden Fällen gleich groß. Zum Aufreißen der Abwicklung benötigt man jedoch etwas mehr Zeit als bei Nr. 21.

Die Durchmesser der Berührkugeln sind durch die beiden Rohrdurchmesser gegeben. Die Mittelpunkte der Kugeln werden in ihrer Lage frei gewählt. An die beiden Berührkugeln zeichnen wir 2 Tangenten. Dieselben sind die Außenkanten des Kegels, welcher die beiden Rohre verbindet. In den Schnittpunkten der Kegel-Außenkanten mit den Rohr-Außenkanten entstehen die Punkte 1 und 9 sowie 10 und 18, welche wir mit je einer geraden Linie verbinden. Diese beiden Durchdringungskanten sind parallel. Sie können nicht die Winkelhalbierenden zwischen Kegel- und Rohrachse sein.

In Punkt 10 zeichnen wir unter 90° zur Kegelachse die Unterkante des Kegels. An diese zeichnen wir nicht bei Nr. 22 die Zwölferteilung, sondern eine Sechzehnerteilung mit ihren parallel zur Kegelachse liegenden Projektionslinien. Von den Schnittpunkten dieser Projektionslinien mit der Kegelunterkante aus ziehen wir die strahlenförmigen Mantellinien. Hierdurch entstehen beim Schnitt der beiden Durchdringungskanten die Punkte 2 bis 8 und 11 bis 17. Von diesen Punkten aus ziehen wir unter 90° zur Kegelachse Linien bis zu einer Kegel-Außenkante und erhalten als jeweilige Entfernung dieser Punkte bis zum Scheitelpunkt des Kegels die wahren Längen der Mantellinien. Dieser letzte Arbeitsgang war wieder das bereits bekannte Drehen um die eigene Achse, wenn die wahren Längen ermittelt werden sollen.

Da wir den Kegelgrundriß mit einer Sechzehnerteilung versehen haben, können wir die Mantellinien in der Abwicklung mit dem Zirkel geometrisch ermitteln, was bei der Zwölferteilung nicht möglich wäre. Auf dem Kreisbogen von der Größe der Kegel-Außenkante tragen wir uns den äußersten Punkt an, den wir uns gemäß Nr. 50 wie folgt errechnen: $A = S \times \sin \beta$, wobei $\beta = 180 \times \sin \alpha$ und S = das Maß zwischen Punkt 10 und dem Scheitelpunkt ist. Mit Hilfe dieses errechneten Punktes können wir alle Mantellinien nacheinander als Winkelhalbierende finden. Auf diesen strahlenförmigen Mantellinien tragen wir mit dem Steckzirkel die vorhin ermittelten wahren Längen ab. Somit erhalten wir die halbe Abwicklung mit den Punkten 1' bis 9' und 10' bis 18', welche wir mit je einem Kurvenzug verbinden.

Die Abwicklung der beiden schräg abgeschnittenen Rohre erfolgt wie bei Nr. 4. Für die Abwicklung des großen Rohres z. B. reißen wir uns wie üblich die Zwölferteilung auf und tragen an den Rohr-Außenkanten die Entfernungen zwischen der Abschlußkante des Rohres und den Punkten 10 und 18 ab. Beide Punkte verbinden wir mit einer geraden Linie und erhalten beim Schnitt der Mantellinien die für die Abwicklung erforderlichen Punkte.

Das kleine Rohr wird in derselben Weise abgewickelt, wobei wir hier den Abstand von der Abschlußkante des kleinen Rohres bis zu den Punkten 1 und 9 im Aufriß abgreifen müssen.

Aus der Zeichnung geht klar hervor, daß sich die Durchdringungspunkte des Kegels und des kleinen Rohres nicht wie üblich zu je einem gemeinsamen Punkt vereinen. Dies wäre auch dann nicht der Fall, wenn der Kegel anstatt der Sechzehnerteilung eine Zwölferteilung hätte. Diese Ausführungen treffen selbstverständlich auch auf das große Rohr zu.

Nr. 32

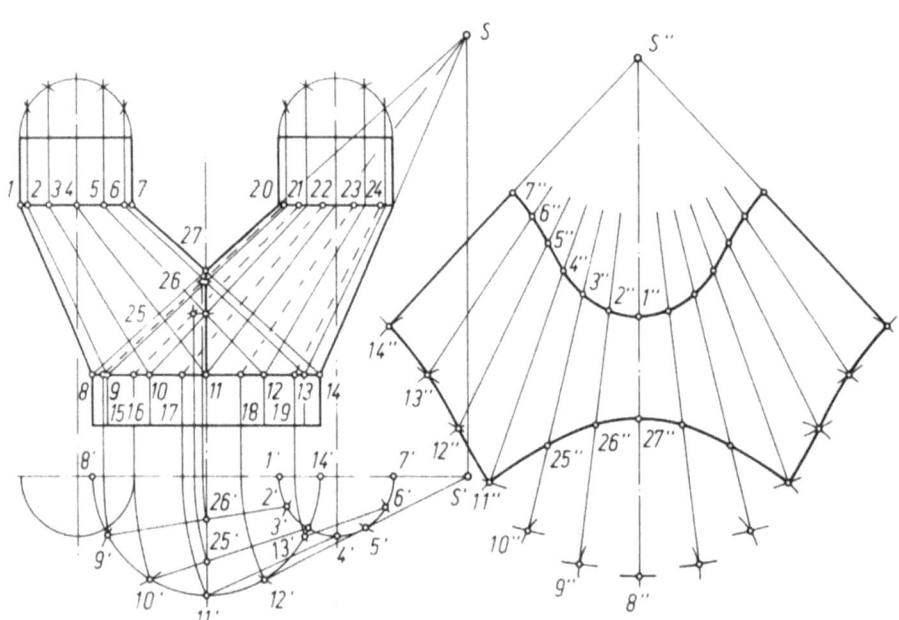

32. Hosenstück

Die vorliegende Aufgabe ist eine Erweiterung des Übergangsstückes von Nr. 21, wobei dasselbe ein zweites Mal um 180° gedreht angeordnet wird. Hierdurch entsteht eine zusätzliche Durchdringungskante, welche in der sonst gleichen Abwicklung wie bei Nr. 21 ebenfalls noch ermittelt werden muß.

Wir beginnen mit dem Antragen der Zwölferteilung des großen und kleinen Rohres sowie dem Einzeichnen der Mantellinien im Auf- und Grundriß. Wenn wir genau gezeichnet haben, so sind diese Mantellinien Strahlen von Punkt S.

Zur Abwicklung benötigen wir die wahren Längen der Mantellinien. Wir müssen zunächst den linken Stutzen einmal außer acht lassen. Nun denken wir uns den Körper im Grundriß um Scheitelpunkt S′ gedreht, und zwar so, daß nacheinander jede Mantellinie zur Waagerechten im Grundriß wird. Die Punkte 9′ bis 13′ der Unterkante beschreiben hierbei Kreisbogen und werden anschließend in den Aufriß projiziert. Hierdurch entstehen die Punkte 15 bis 19, welche wir strahlenförmig mit dem Scheitelpunkt S verbinden und beim Schnitt mit der Oberkante die Punkte 20 bis 24 festlegen.

Um Scheitelpunkt S″ der Abwicklung schlagen wir nun konzentrische kleine Kreisbogen beiderseits der Mittellinie mit der Zirkelöffnung der wahren Länge der Strahlen; d. h. mit der Entfernung zwischen S und den Punkten 15 bis 19. Hierbei dürfen die beiden Körperkanten, die im Aufriß mit ihren wahren Längen bereits vorhanden waren, nicht vergessen werden. Nun nehmen wir den Abstand zwischen zwei Punkten der Zwölferteilung des großen Rohres in den Zirkel und schlagen um Punkt 8″ nach rechts und links Kreisbogen auf den nächsten inneren Kreisbogen. Von Punkt 9″ wird mit dieser Zirkelöffnung wiederum der nächst innere Kreisbogen geschnitten. Wir erhalten somit noch nacheinander die Punkte 10″ bis 14″.

Hierin liegt ein kleiner Nachteil dieser Abwicklung. Das Bogenstück der Zwölferteilung entspricht nicht genau den Bogenstücken des Kurvenzuges, zumal diese nochmals untereinander variieren.

Von Punkt S″ aus ziehen wir Strahlen zu den Punkten 8″ bis 14″. Auf diesen wiederum tragen wir mit dem Steckzirkel die Entfernungen der wahren Längen ab, die wir im Aufriß als Entfernung zwischen S und den Punkten 1, 20 bis 24 und 7 abgreifen.

Was wir bis jetzt abgewickelt haben, war dasselbe wie bei Nr. 21. Das Neue bei diesem Hosenstück ist der Kurvenzug 11″, 25″, 26″ und 27″, den wir wie folgt ermitteln:

Im Grundriß schlagen wir um Punkt S′ von den beiden Punkten 25′ und 26′ ausgehend Kreisbogen bis zum Schnitt mit der waagerechten Mittellinie. In diesen Schnittpunkten errichten wir Senkrechte in den Aufriß und bringen diese zum Schnitt mit den waagerechten Linien. Die beiden Waagerechten ziehen wir von den Schnittpunkten der Mantellinien des linken und rechten Stutzens. Die gefundenen Punkte bezeichnen wir mit 25 und 26. Der bereits vorhandene Schnittpunkt der Körperkanten wird als Punkt 27 festgelegt. Bei genauem Zeichnen liegen die Punkte 25 und 26 genau auf den gestrichelten wahren Längen der Mantellinien zwischen Punkt 15 und 20 sowie 16 und 21. Abschließend tragen wir die wahren Längen zwischen Scheitelpunkt S und den Punkten 25, 26 und 27 in der Abwicklung auf den entsprechenden Mantellinien ab und erhalten die Punkte 25″, 26″ und 27″, welche wir untereinander und noch mit Punkt 11″ zu einem Kurvenzug verbinden.

Zur Herstellung dieses Hosenstückes benötigen wir die Abwicklung ja zweimal. Wir reißen sie aber nur einmal auf und schneiden sie aus. Dieses Blech dient uns jetzt als Schablone für das zweite Teil des Hosenstückes (das war aber doch selbstverständlich!).

Nr. 33

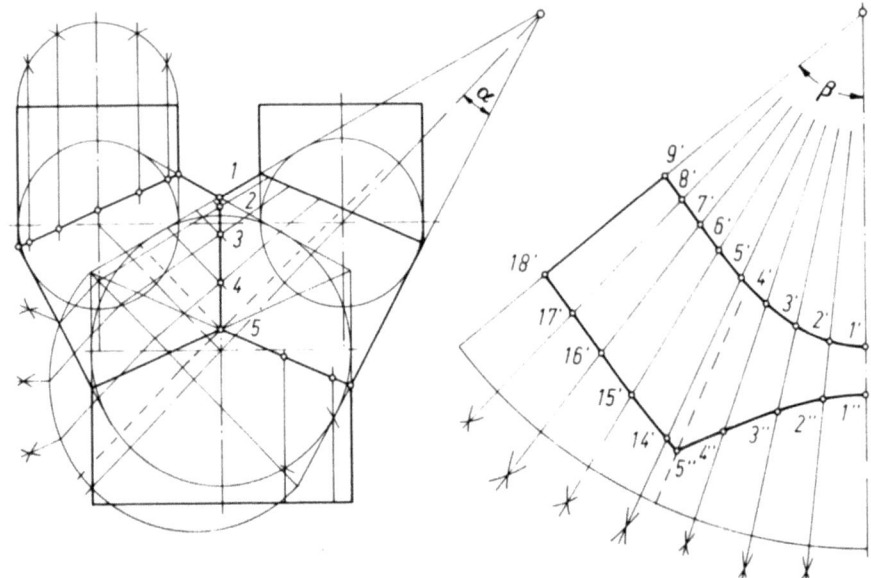

33. Hosenstück

Die Abwicklung dieses Hosenstückes basiert auf dem in Nr. 31 erläuterten Übergangsstück, welches lediglich zweimal, um 180° versetzt, angeordnet ist. Der Aufriß wird also doppelt gezeichnet. Die Durchdringungskante zwischen dem Kegel und dem dünnen Rohr ist genauso wie bei Nr. 31. Auch der Kurvenzug mit den Punkten 1' bis 9' kann, wie bei Nr. 31 beschrieben, gefunden werden. Der Kurvenzug mit den Punkten 14' bis 18' kann ebenfalls entsprechend der vorgenannten Nr. ermittelt werden. Neu bei dieser Durchdringung ist nur die Durchdringungskante mit den Punkten 1 bis 5. Dieselben sind die Schnittpunkte der Kegel-Mantellinien mit der senkrechten Mittellinie des dicken Rohres. Angenommen, wir würden auch die Mantellinien des zweiten Kegels einzeichnen, so wären die Punkte 1 bis 5 auch noch gleichzeitig die Schnittpunkte der zueinander gehörenden Mantellinien.

Um die wahren Längen für die Abwicklung zu erhalten, denken wir uns den schräg liegenden Kegel um seine Achse gedreht. Wir zeichnen also von den Punkten 2 bis 5 aus Linien, welche unter 90° zur Kegelachse liegen, bis zum Schnitt mit der Kegel-Außenkante. Die Strecken zwischen diesen Schnittpunkten und dem Scheitelpunkt sind die wahren Längen, welche wir vom Scheitelpunkt der Abwicklung aus mit dem Steckzirkel auf den entsprechenden Mantellinien abtragen. Hierdurch finden wir die Punkte 1" bis 4".

Nun fehlt nur noch Punkt 5", den wir wie folgt finden: Punkt 5 ist der Schnittpunkt der beiden Durchdringungskanten zwischen den Kegeln und dem dicken Rohr. Vom Scheitelpunkt aus ziehen wir einen Strahl durch Punkt 5 und bringen ihn zum Schnitt mit der Unterkante des Kegels. Von diesem Schnittpunkt aus ziehen wir eine gestrichelte, parallele Linie zur Kegelachse, welche wir mit dem Halbkreis an der Kegel-Unterkante zum Schnitt bringen. Den kleinen Abstand von diesem Schnittpunkt bis zur Kegelachse nehmen wir in den Steckzirkel und tragen ihn in der Abwicklung auf dem Kreisbogen von der Mantellinie 5' bis 14' aus ab. Diese Mantellinie liegt im Aufriß der Nr. 31 auf der Kegelachse, welche gleichzeitig auch die Mantellinie 5 bis 14 darstellt. Die wahre Länge vom Scheitelpunkt bis Punkt 5" hatten wir ja schon vorher im Aufriß bei der gestrichelten Linie von Punkt 5 aus festgelegt.

Der Deutlichkeit halber sollte das dicke Rohr, ähnlich wie bei Nr. 31, separat aufgerissen werden. An die Rohr-Abschlußkante mit der Zwölferteilung zeichnen wir die Rohr-Außenkanten. Auf ihnen tragen wir die Entfernung von der Unterkante des dicken Rohres bis zum Schnitt mit der Außenkante des Kegels, d. h. bis Punkt 18 der Nr. 31 ab. Auf der Mittellinie tragen wir den Abstand zwischen Punkt 5 und der Unterkante des dicken Rohres, den wir aus vorliegender Abwicklung entnehmen, ab. Die 3 gefundenen Punkte verbinden wir mit 2 geraden Linien, auf denen im Schnitt mit den Mantellinien des Rohres die für die Abwicklung erforderlichen Punkte liegen. Abschließend sei nochmals darauf hingewiesen, daß die so ermittelten V-förmig aussehenden Rohrabschlußkanten nicht die Winkelhalbierenden zwischen der Kegelachse und der Rohrachse sind.

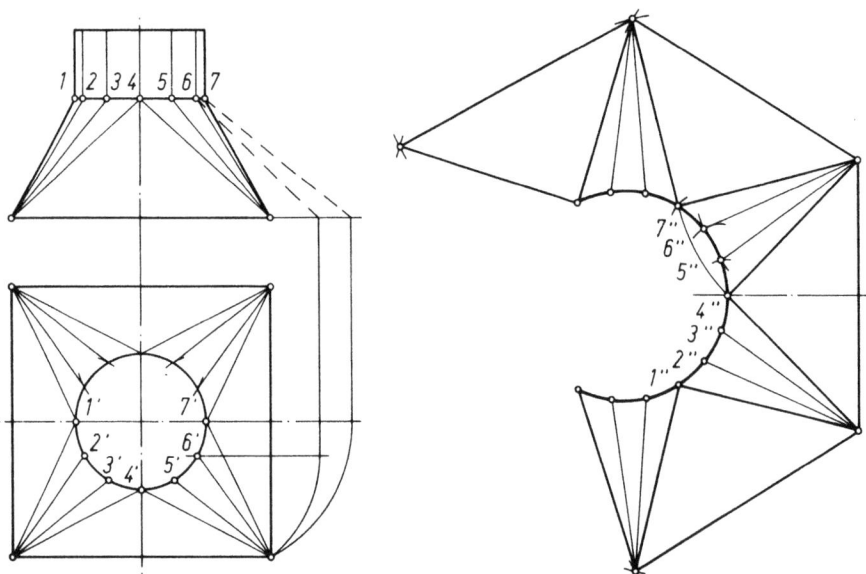

34. Übergangsstück von Rund auf Vierkant

Eine in der Praxis oft vorkommende Aufgabe ist die Herstellung eines Übergangsstückes von einem runden zu einem viereckigen Querschnitt.

Wir beginnen mit der Zwölferteilung im Grundriß und dem Einzeichnen der Mantellinien des Rohres im Aufriß, um somit die Punkte 1 bis 7 festzulegen. Diese verbinden wir strahlenförmig mit den beiden Eckpunkten und erhalten so die Mantellinien. Auch im Grundriß zeichnen wir die Mantellinien ein, von den Eckpunkten aus als Strahlen zu den Punkten der Zwölferteilung.

Die Mantellinien erscheinen weder im Auf- noch im Grundriß mit ihren wahren Längen. Dieselben erhalten wir nicht wie gewöhnlich, indem wir den Körper um seine Achse drehen, sondern wir müssen ihn um die Punkte 6' und 7' drehen. Wir schlagen also um diese Punkte Kreisbogen vom Eckpunkt des Vierkantes ausgehend bis zum Schnitt mit den Waagerechten in denselben Punkten 6' und 7'. In diesen Schnittpunkten errichten wir Senkrechte und bringen sie zum Schnitt mit der nach rechts verlängerten unteren Abschlußkante. Diese Punkte verbinden wir durch gestrichelte Linien mit den Punkten 6 und 7 und erhalten somit die wahren Längen der strahlenförmig vom Eckpunkt ausgehenden Mantellinien.

In der Abwicklung reißen wir uns zunächst ein Dreieck auf, dessen Unterkante im Aufriß als wahre Länge vorhanden ist. Von beiden Eckpunkten aus schlagen wir Kreisbogen mit der wahren Länge der Mantellinie bei Punkt 7. Wir erhalten hierdurch Punkt 4" und können das erste Dreieck aufzeichnen. Um den Eckpunkt schlagen wir noch einen weiteren Kreisbogen mit der Zirkelöffnung der wahren Länge bei Punkt 6.

Nun nehmen wir die Entfernung zweier Punkte der Zwölferteilung in den Zirkel und schlagen um Punkt 4" einen Kreisbogen und erhalten im Schnittpunkt mit dem zuletzt eingezeichneten Kreisbogen Punkt 5". Sodann schlagen wir um Punkt 5" einen Kreisbogen mit der Zwölferteilung, damit wir Punkt 6" erhalten, welcher auf demselben Kreisbogen liegt, wie Punkt 5". Um Punkt 6" wiederum mit der Zirkelöffnung der Zwölferteilung einen Kreisbogen geschlagen, ergibt uns Punkt 7" auf dem Kreisbogen, wo auch Punkt 4" liegt.

In diesem dreimaligen Abtragen der Zwölferteilung liegt eine kleine Ungenauigkeit dieser sonst sehr einfachen Abwicklung, da die Bogenstücke des Kurvenzuges nicht genauso wie die Bogenstücke der Zwölferteilung sind.

Um das angrenzende Dreieck zeichnen zu können, schlagen wir um den Eckpunkt einen Kreisbogen von der Größe der Unterkante und um Punkt 7" einen Kreisbogen mit der Zirkelöffnung der wahren Länge bei Punkt 7. Hierdurch erhalten wir einen weiteren Eckpunkt, von dem aus wieder die 4 Mantellinien mit ihren wahren Längen eingezeichnet werden können.

Der Rest der Abwicklung wird in der gleichen Arbeitsweise gezeichnet. Die Punkte 1" bis 4" und 4" bis 7" verbinden wir mit je einem Kurvenzug, der in den Punkten 1", 4" und 7" leicht geknickt ist und *keinen* Kreis ergeben kann.

Zusammenfassung. Der Grundriß wird mit der Zwölferteilung versehen, so daß im Aufriß die Rohr-Mantellinien eingezeichnet werden können. Die Eckpunkte verbinden wir mit den ermittelten Punkten 1 bis 7 und erhalten so die Mantellinien des Übergangsstückes, welche nicht in ihren wahren Längen erscheinen. Hierzu denken wir uns im Gegensatz zu allen anderen Körpern denselben nicht um seine Achse, sondern um die Punkte 6' und 7' gedreht.

Diese wahren Längen der Mantellinien werden von den Eckpunkten des Dreiecks der Abwicklung aus bogenförmig angetragen. Von Punkt 4" aus schlagen wir einen Bogen mit der Zwölferteilung, um den nächsten Punkt zu erhalten. Von diesem Punkt aus zeichnen wir einen weiteren Bogen zur Ermittlung des übernächsten Punktes. Das Abtragen der Zwölferteilung ist nicht genau, da die Kurvenstücke einen anderen Biegeradius haben als die Bogenstücke der Zwölferteilung.

Nr. 35

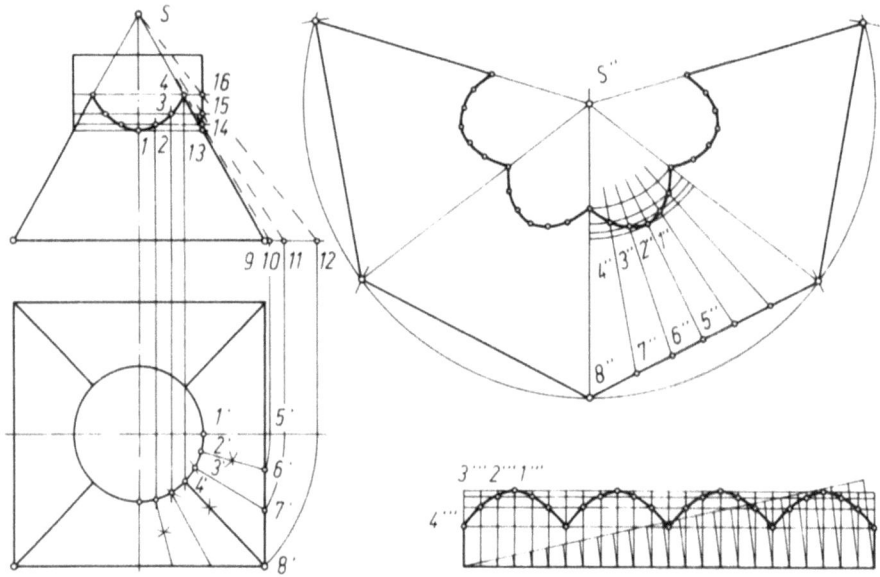

35. Übergangsstück von Rund auf Vierkant

Die nachstehend beschriebene Abwicklung ist von der vorhergehenden und nachfolgenden Nummer grundverschieden, obwohl es sich in allen 3 Fällen um die Aufgabe handelt, ein Rohr-Ende mit einem Quadrat-Ende zu verbinden. Es hängt ganz von der Wahl der geometrischen Form des Körpers ab, wie derselbe abgewickelt wird. Welche Form und welche Abwicklung die beste ist, kann nur von Fall zu Fall entschieden werden.

Nachdem der Auf- und Grundriß gezeichnet und der Scheitelpunkt S festgelegt ist, bringen wir an den Kreis im Grundriß zunächst die Zwölferteilung an. Vom Mittelpunkt des Grundrisses aus ziehen wir Strahlen durch diese Punkte und erhalten beim Schnitt mit der Vierkantseite den Punkt 7'. Um Punkt 1' und 3' schlagen wir je einen gleich großen Kreisbogen, damit wir die Winkelhalbierende und somit die Mantellinie sowie die Punkte 2' und 6' erhalten. Auch die Mantellinie 4' bis 8' finden wir in der gleichen Art als Winkelhalbierende. Da Punkt 4' unter 45° liegt und dieser Punkt sehr wichtig für diese Abwicklung ist bietet es sich an, das Rohr entgegen allen anderen Abwicklungen nicht nur mit einer Zwölferteilung, sondern mit einer Vierundzwanzigerteilung zu versehen. Hierdurch werden die Kurvenzüge der beiden Abwicklungen genauer, da mehr Durchdringungspunkte ermittelt werden.

Die Mantellinien erscheinen bei vorliegender Durchdringung nicht in ihren wahren Längen. Dieselben müssen also vor dem Abwickeln ermittelt werden. Wir denken uns den Körper im Grundriß um seine Achse gedreht. Hierzu schlagen wir um den Mittelpunkt Kreisbogen von den Punkten 6', 7' und 8' ausgehend bis zu der waagerechten Mittellinie. In diesen Schnittpunkten errichten wir Senkrechte und bringen sie zum Schnitt mit der nach rechts verlängerten Unterkante im Aufriß. Wir erhalten so die Punkte 10, 11 und 12. Dieselben verbinden wir durch gestrichelte Linien mit dem Scheitelpunkt S und erhalten beim Schnitt mit der Rohr-Außenkante die Punkte 14, 15 und 16. Die Entfernungen zwischen den Punkten 9 bis 12 und 13 bis 16 entsprechen den wahren Längen der Mantellinien.

Wir beginnen die Abwicklung des pyramidenförmigen Zwischenstückes, indem wir um Scheitelpunkt S'' einen Kreisbogen schlagen mit der Zirkelöffnung S bis Punkt 12. Anschließend tragen wir auf diesem Kreisbogen mit dem Zirkel die Längen der 4 Unterkanten ab.

Die 5 Punkte verbinden wir strahlenförmig mit Scheitelpunkt S'' und untereinander mit Geraden. Auf einer Unterkante tragen wir die 6 unterschiedlichen Teilstrecken aus dem Grundriß an und erhalten die Punkte 5'' bis 8'', welche wir mit Scheitelpunkt S'' verbinden. Auf diesen Mantellinien tragen wir die wahren Längen ab. Wir nehmen also nacheinander die Entfernung zwischen Scheitelpunkt S und den Punkten 13 bis 16 in den Zirkel und schlagen damit um S'' Kreisbogen. Dort, wo sich dieselben mit den dazugehörenden Mantellinien schneiden, liegen die Punkte 1'' bis 4'', welche wir mit einem Kurvenzug verbinden.

Für die Abwicklung des Rohrstückes errechnen wir uns den Umfang und teilen diesen geometrisch in 24 Teile. Hierzu nehmen wir den ca. 24. Teil des Umfanges in den Steckzirkel und tragen ihn 24mal auf der schrägen Linie ab. Den 24. Punkt auf der Schrägen verbinden wir mit dem Endpunkt des errechneten Umfanges. Parallel zu dieser Verbindungslinie zeichnen wir in allen Punkten der Schrägen weitere Linien und erhalten so an der Rohr-Unterkante die Schnittpunkte, in denen die senkrechten Mantellinien zu errichten sind. Würden wir genau den 24. Teil des errechneten Umfanges in den Steckzirkel nehmen und ihn auf der geraden Rohr-Abschlußkante abtragen, so käme der 24. Punkt unter Garantie vor oder hinter den errechneten Punkt zu liegen. Aus diesem Grunde unterteilen wir den Umfang geometrisch.

An der Kopfseite der Rohr-Abwicklung tragen wir mit dem Steckzirkel die Entfernungen zwischen der geraden Rohr-Abschlußkante im Aufriß und den Punkten 13 bis 16 ab und zeichnen in diesen Schnittpunkten parallele Linien zur Unterkante. Wir erhalten so den Kurvenzug mit den Punkten 1''' bis 4'''.

Zusammenfassung. Der Rohrstutzen wird im Grundriß mit der Zwölferteilung und den strahlenförmigen Mantellinien versehen Anschließend wird die Zwölferteilung nochmals halbiert, um zu der doppelten Anzahl von Mantellinien zu gelangen. Dieselben müssen für die Abwicklung in ihrer wahren Länge ermittelt werden. Dies geschieht durch Drehen des Übergangsstückes im Grund- und Aufriß.

Die verschieden großen Entfernungen, welche die Schnittpunkte der strahlenförmigen Mantellinien an der Unterkante der Abwicklung zueinander einnehmen, können wir sofort an der Vierkantseite im Grundriß mit dem Steckzirkel abgreifen.

Die Abwicklung des Rohrstutzens muß ausnahmsweise geometrisch in 24 Abschnitte geteilt werden. Die Rohr-Mantellinien erscheinen im Aufriß in ihrer wahren Länge.

Nr. 36

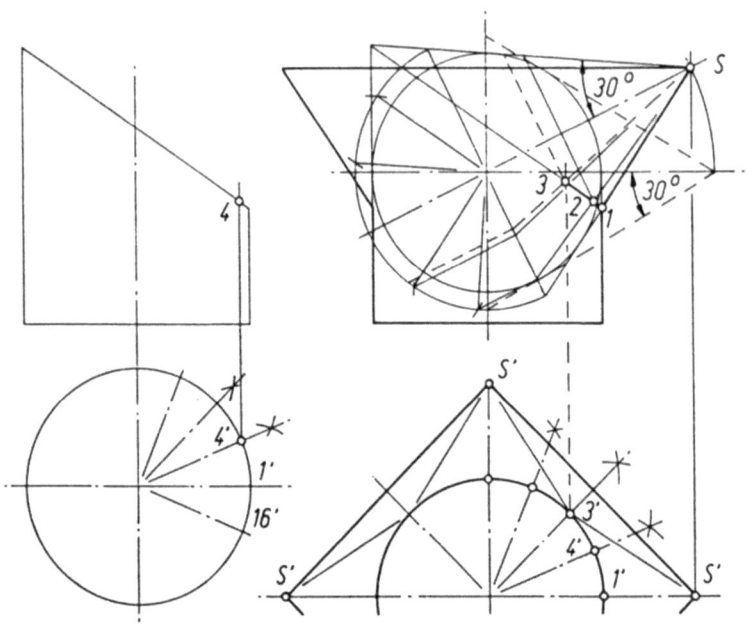

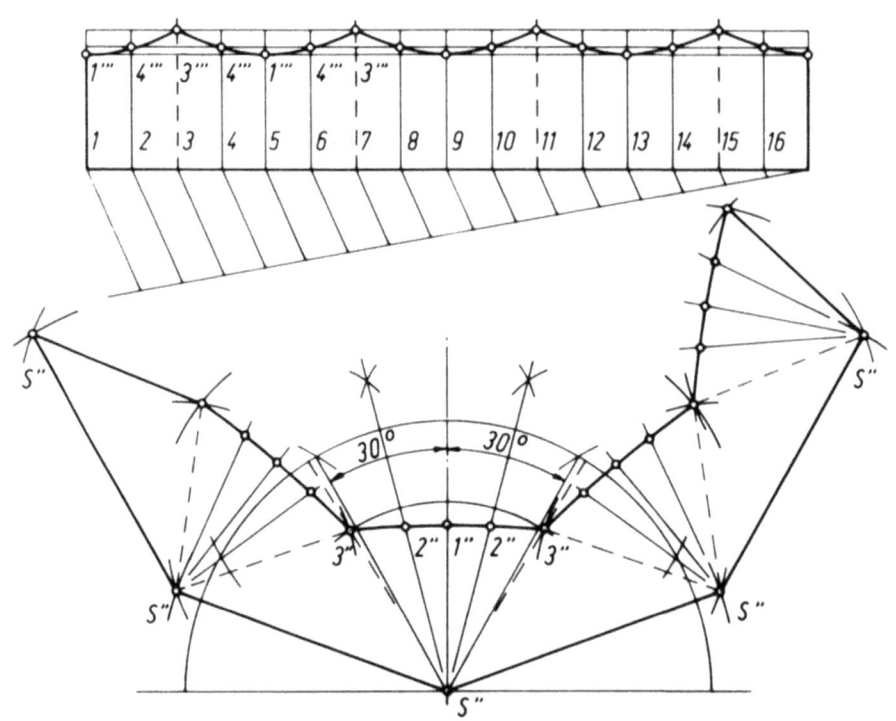

36. Übergangsstück von Rund auf Vierkant

Vorliegendes Übergangsstück hat neben dem Vorteil der genauen Abwickelbarkeit noch den Vorzug, daß es strömungstechnisch gut ausgelegt ist. Dieses Übergangsstück ist die Durchdringung von vier Kegeln mit einem Rohr, wobei die Kegel mit ihren Spitzen in den vier Ecken liegen. Die vier Kegelachsen schneiden sich im Zentrum der Berührkugel mit der Rohrachse. Die Oberflächen des Rohres und der vier Kegel tangieren die Berührkugel. Der Einfachheit und vor allem der Genauigkeit wegen wählen wir den Kegelwinkel mit $30°$, weil dies eine Abwicklung von $180°$ bzw. genau die Fläche eines Halbkreises ergibt. (Siehe Nr. 50 Seite 111 dritter Absatz von unten).

Wir beginnen mit dem (in der Mitte rechts gezeichneten) Grundriß, wobei wir die Diagonale des Vierkantes errechnen, um eine große Genauigkeit zu erreichen. Das Rohr erhält ausnahmsweise eine Sechzehnerteilung, weil Punkt $3'$ unter $45°$ in der Mitte der Vierkantseite liegen muß.

Im Aufriß (oben rechts) wird im Schnittpunkt aller Achsen ein waagerecht liegender Kegel von $30°$ (gestrichelt) eingezeichnet, dessen Seiten die Berührkugel tangieren. Um den Mittelpunkt der Berührkugel schlagen wir mit der Zirkelöffnung bis zur Kegelspitze einen Kreisbogen, den wir zum Schnitt mit der in Punkt S' errichteten Senkrechten bringen. Somit erhalten wir Punkt S und können den schräg liegenden $30°$ Kegel einzeichnen, dessen Seiten wiederum die Berührkugel tangieren. Die Kegelgrundlinie versehen wir mit einem Halbkreis und geben ihm eine Zwölferteilung, so daß wir die zwei Kegel-Mantellinien einzeichnen können.

Punkt 1 ist der Schnittpunkt der rechten Rohr-Außenseite mit der unteren Kegel-Seite. Die Linie der oberen Kegel-Seite verlängern wir bis zum Schnitt mit der Linie der linken Rohr-Außenseite. Diesen Schnittpunkt verbinden wir mit Punkt 1 und erhalten so die Durchdringungskante zwischen Kegel und Rohr (siehe Nr. 31 Seite 69 und Nr. 53 Seite 116). Punkt 2 ist der Schnittpunkt der Durchdringungskante mit der unteren Kegel-Mantellinie. Punkt 3 kann nicht auf der oberen Kegel-Mantellinie liegen, sondern entsteht im Schnittpunkt der Durchdringungskante mit der in Punkt $3'$ errichteten (gestrichelten) Senkrechten. Von Punkt S durch Punkt 3 hindurch bis zur Grundlinie des Kegels ziehen wir eine (gestrichelte) Kegel-Mantellinie und von der Grundlinie aus weiter parallel zur Kegelachse bis zum Kegel-Grundkreis ebenfalls eine (gestrichelte) Linie. Das kleine Bogenstück von dieser gestrichelten Mantellinie bis zur benachbarten oberen Mantellinie wird später bei der Abwicklung benötigt.

Für die Abwicklung sind auch die wahren Längen der Kegel-Mantellinien erforderlich. Wir denken uns den Kegel um seine schräg liegende Achse gedreht bis die Punkte 2 bzw. 3 an die obere Kegel-Außenseite gelangen und zeichnen die entsprechenden Linien ein. Von diesen Schnittpunkten bis zur Kegelspitze S erstrecken sich die wahren Längen der Kegel-Mantellinien. Im Aufriß sind die Entfernungen von den Punkten 1 und 3 bis zur Rohr-Unterkante in ihren wahren Längen gezeichnet. Genau so wie Punkt 3 nicht auf der oberen Kegel-Mantellinie liegt, kann auch Punkt 2, der auf der unteren Kegel-Mantellinie liegt, nicht auch gleichzeitig auf der entsprechenden Mantellinie des Rohres liegen. Daß die Durchdringungskante des Kegels mit Zwölferteilung und die Durchdringungspunkte des Rohres mit Sechzehnerteilung sich nicht zu gemeinsamen Punkten vereinen, wurde bereits bei Nr. 31 Seite 69 im letzten Absatz beschrieben und in der Zeichnung beim kleinen Rohr dargestellt. Der Deutlichkeit wegen werden neben dem Grund- und Aufriß noch einmal Grund- und Aufriß gezeichnet. Die Senkrechte über Punkt $4'$ erzeugt Punkt 4. Somit kann auch die Rohr-Mantellinie zwischen Punkt 4 und der Rohr-Unterkante in ihrer wahren Länge abgegriffen werden.

Die Abwicklung des Übergangsstückes beginnen wir (ganz unten) mit dem Halbkreis um (den in der Mitte liegenden) Punkt S″ mit dem Radius der Kegelseite. Den Halbkreis teilen wir geometrisch in zwölf Teile und zeichnen 4 Kegel-Mantellinien ein, die in der Abwicklung eine Teilung von 15° haben. Auf den Halbkreis tragen wir mit dem Steckzirkel links und rechts der 30° von der Mitte entfernten Kegel-Mantellinien das vorhin ermittelte kleine Bogenstück aus dem Aufriß ab. Von diesen Schnittpunkten aus ziehen wir (gestrichelte) Geraden zu Punkt S″. Im Aufriß greifen wir die beiden wahren Längen der Kegel-Mantellinien ab und übertragen sie von S″ aus in die Abwicklung, wodurch die Punkte 2″ und 3″ festgelegt werden. Die Strecke von Punkt S bis Punkt 1 ist die wahre Länge und kann sofort von S″ aus abgetragen werden, so daß wir Punkt 1″ erhalten. Die Punkte 3″ 2″ 1″ 2″ und 3″ verbinden wir mit einem Kurvenzug. Somit wurde eine der 4 Kegel-Mantelflächen ermittelt, die mit ca. 60° etwas größer ist als ein Drittel der gesamten 180° großen Kegel-Mantelfläche.

Rechts und links von dieser ersten Kegel-Mantelfläche zeichnen wir zwei Dreiecke, indem wir von S″ aus nach links und rechts einen Kreisbogen schlagen mit der Zirkelöffnung der Vierkant-Seitenlänge und von den Punkten 3″ aus Kreisbogen schlagen mit der Zirkelöffnung der wahren Länge der (gestrichelten) Kegel-Mantellinie von Punkt 3″ bis Punkt S″. Hierdurch wurden zwei weitere Punkte S″ festgelegt. Um diese wiederum schlagen wir Kreisbogen von den Punkten 3″ aus. Um die Punkte 3″ sind Kreisbogen mit der Zirkelöffnung von 3″ bis 3″ zu schlagen. Die so gefundenen Schnittpunkte legen die beiden nächsten Kegel-Mantelflächen in ihrer äußeren Form fest. Anschließend wird die Abwicklung des Übergangsstückes mit zwei Dreiecken und einer Kegel-Mantelfläche vervollständigt.

Die Abwicklung des Rohres wird geometrisch in 16 Teile geteilt. In den Aufrissen greifen wir mit dem Steckzirkel die Entfernungen von der Rohr-Unterkante bis zu den Punkten 1, 4 und 3 ab und übertragen sie in die Abwicklung.

Zusammenfassung. Dieses Übergangsstück ist die Durchdringung von vier Kegeln mit einem Rohr. Wegen der Genauigkeit wird der Kegelwinkel mit 30° angenommen, weil hierbei die Abwicklung eine Halbkreis-Fläche ergibt. Der Kegel erhält eine Zwölferteilung, das Rohr eine Sechzehnerteilung. Die Punkte 1″ und 3″ des Übergangsstückes und die Punkte 1‴ und 3‴ des Rohres vereinigen sich zu je einem Punkt. Die Punkte 2″ und 4‴ können sich nicht zu einem Punkt vereinen, liegen jedoch beide (etwas nebeneinander) genau auf der Durchdringungskante.

II. Durchdringungskurven an massiven Körpern

In diesem Kapitel soll aufgezeigt werden, wie die Kurven an massiven Werkstücken entstehen und wie diese Durchdringungskurven zeichnerisch ermittelt werden. Hierbei müssen wir jedoch vollkommen umschalten. Wir hatten es bisher mit Hohlkörpern zu tun, welche aus Blech hergestellt werden. Nun sind es aus dem vollen Material durch spanabhebende Verformung hergestellte massive Werkstücke. Diese Durchdringungskurven werden nur in der Theorie, d. h. beim Zeichnen benötigt. In der Praxis ergeben sich diese Kurven beim Bearbeiten der Werkstücke ganz von selbst. Man kann also die gezeichnete Durchdringungskurve mit der durch die Bearbeitung zwangsweise entstehenden kontrollieren. Aus diesem Grunde ist es angebracht, diese Durchdringungskurven exakt zeichnen zu können. Außerdem wird bei diesen Arbeiten das so wichtige räumliche Vorstellungsvermögen geschult.

Im allgemeinen gingen wir bei den aus Blech hergestellten Abwicklungen und Durchdringungen so vor, daß wir die Oberflächen mit Mantellinien versehen haben. Bei einfachen Teilen suchten wir nun die genaue Lage der Durchdringungspunkte irgendwo auf der Oberfläche und zwar dort, wo beispielsweise eine Ebene diese Mantellinien durchschnitt. Bei Durchdringungen zweier Blechteile suchen wir die genaue Lage der Punkte dort auf der Oberfläche, wo die Mantellinien das Gegenstück durchdringen.

Bei den nachfolgend zu behandelnden Durchdringungen von Massivteilen versehen wir die Oberfläche nicht, wie gewohnt, mit Mantellinien, sondern wir legen Schnitte durch das Werkstück, und zwar in dem Bereich, wo der Übergang von der einen zur anderen geometrischen Figur liegt. Die Aufgabe besteht nun darin, in den 3 Ansichten diese Schnitte einzuzeichnen und in diesen Schnittebenen die Punkte zu ermitteln, in denen sich die geometrischen Körper gegenseitig durchdringen. Je mehr Schnitte gelegt werden, um so mehr Durchdringungspunkte können wir erhalten und desto genauer wird der gesuchte Kurvenzug der jeweiligen Durchdringung.

Bliebe noch zu erwähnen, daß es also bei den Durchdringungen von Massivteilen im Gegensatz zu den Durchdringungen bei Blechteilen keine Abwicklungen gibt.

Nr. 37

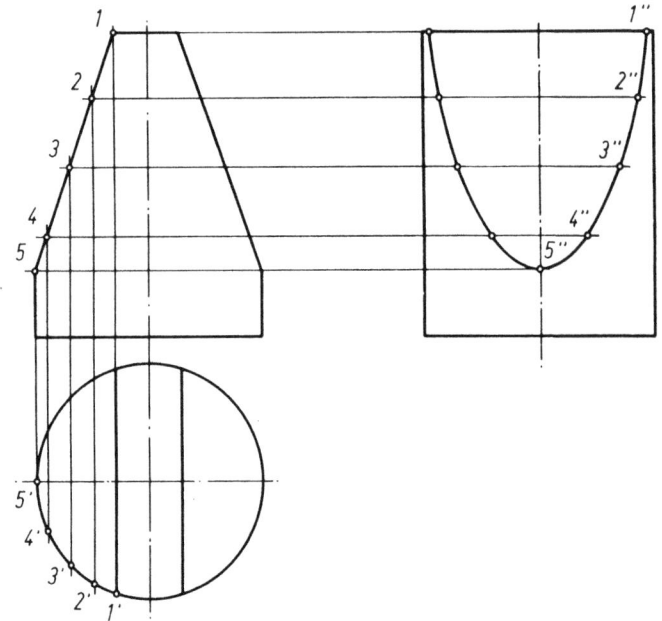

37. Zylinder mit zwei Flächen

Dieser Körper entsteht, wenn man an einem Stück Rundstahl auf beiden Seiten etwas absägt, abfräst bzw. abschmirgelt. Gegeben ist die Form und Größe des Auf- und Grundrisses, gesucht ist die Durchdringungslinie im Seitenriß.

Wir legen uns zunächst die Punkte 2, 3 und 4 fest (die Punkte 1 und 5 sind ja bereits bestimmt). Die Höhenlage sowie die Anzahl dieser Punkte können wir ganz beliebig wählen. Von diesen Punkten aus fällen wir Lote in den Grundriß und bringen diese zum Schnitt mit dem Kreis. Es entstehen die Schnittpunkte 1' bis 5'. Des weiteren ziehen wir von den Punkten 1 bis 5 ausgehend waagerechte Linien in den Seitenriß. Auf diesen Waagerechten tragen wir von der Mittellinie des Seitenrisses aus nach beiden Seiten die Entfernungen ab, welche wir im Grundriß von der waagerechten Mittellinie aus bis zu den Punkten 1' bis 4' abgreifen. Hiermit finden wir die Punkte 1'' bis 5'', welche uns den Verlauf der gesuchten Durchdringungslinie aufzeigen.

Erklärung. Die Punkte 1 bis 5 müssen auf der zylindrischen Oberfläche des massiven Körpers liegen. Des weiteren müssen sie auf der Begrenzungslinie zwischen der schräg abgeschnittenen Fläche und dem Zylinder liegen. Indem diese Punkte in den Grundriß projiziert werden, entstehen Schnittpunkte zwischen diesen Projektionslinien und dem Kreis bzw. der Zylinderoberfläche. Die Entfernungen zwischen der waagerechten Mittellinie und den Punkten 1' bis 4' nehmen wir nacheinander in den Zirkel und tragen sie auf der entsprechenden Waagerechten im Seitenriß ab. Punkt 3'' z. B. muß ja irgendwo auf der Waagerechten von Punkt 3 liegen. Dieses „Irgendwo" ist im Grundriß genau bestimmt. Ansonsten müssen wir uns den Körper in Höhe der einzelnen Punkte waagerecht geschnitten denken. Der Grundriß stellt gewissermaßen den Schnitt bei Punkt 1 dar. Stellen wir uns nun einmal den Schnitt bei Punkt 2 vor. Hierbei bleibt die äußere Form des Grundrisses dieselbe. Lediglich die beiden parallelen Linien wandern nach außen bis zur senkrechten Linie in Punkt 2, und Punkt 1' wandert nach innen. Dementsprechend liegt auch Punkt 2'' gegenüber Punkt 1'' etwas mehr in der Mitte.

Nr. 38

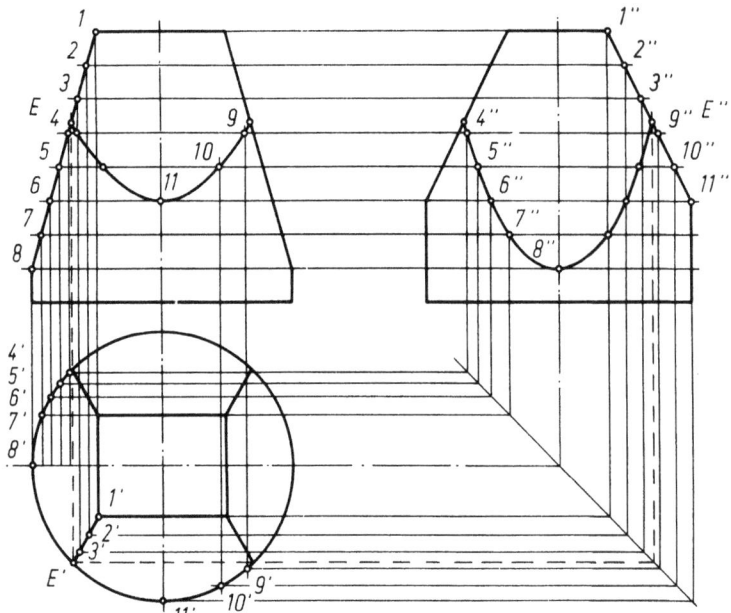

38. Zylinder mit vier Flächen

Die Herstellung dieses massiven Körpers erfolgt durch schräges Abschneiden von 4 Seiten an einem Rundstahl. Gegeben sind die äußeren Umrisse des Körpers. Gesucht sind die beiden Durchdringungslinien im Auf- und Seitenriß sowie die 4 geraden Begrenzungslinien im Grundriß. Wir denken uns das Stangenende mehrmals geschnitten. Diese Schnittlinien ziehen wir von den Punkten 1 bis 8 ausgehend durch den Seitenriß hindurch. Weiterhin ziehen wir von diesen Punkten aus Senkrechte bis zum Schnitt mit dem Grundriß. Hierbei erhalten wir die Punkte 4' bis 8'. Diese übertragen wir mit dem Steckzirkel in den Seitenriß und erhalten die Punkte 4'' bis 7'' auf den entsprechenden Schnittlinien. In der Zeichnung wurde dieses „Übertragen" eingezeichnet. Zu diesem Zwecke legen wir uns im Schnittpunkt der senkrechten Mittellinie des Seitenrisses mit der waagerechten Mittellinie des Grundrisses eine Hilfslinie unter 45°. Nun zeichnen wir von den Punkten 4' bis 7' ausgehend waagerechte Linien bis zum Schnitt mit dieser Hilfslinie. Von den dort entstandenen Schnittpunkten aus ziehen wir Senkrechte nach oben. Im Schnittpunkt der zueinandergehörenden Senkrechten und Waagerechten liegt ein Punkt des Kurvenzuges 4'' bis 7''.

Um die Kurve im Aufriß zu ermitteln, ziehen wir von den Punkten 1'', 2'', 3'', 9'', 10'' und 11'' Senkrechte bis zum Schnitt mit der unter 45° verlaufenden Hilfslinie und von dort aus Waagerechte bis zum Schnitt mit dem Grundriß. Wir erhalten die Punkte 9', 10' und 11' und errichten in ihnen Senkrechte, welche wir bis in den Aufriß hochziehen. Im Schnittpunkt dieser Senkrechten mit den dazugehörenden Schnittlinien entstehen die Punkte 9, 10 und 11, welche uns den Verlauf des Kruvenzuges im Aufriß angeben.

Die senkrechten Linien in den Punkten 1, 2 und 3 sowie 1'', 2'' und 3'' waren beim Aufsuchen der beiden Durchdringungslinien sozusagen übriggeblieben. Diese Linien wollen wir jetzt im Grundriß gegenseitig zum Schnitt bringen. Wir erhalten dabei die Punkte 1', 2' und 3'. Diese Punkte verbinden wir untereinander und erhalten eine gemeinsame Gerade. Diese verlängern wir bis zum Schnitt mit dem Kreis. Hierdurch entsteht nun der Eckpunkt E'. Den Eckpunkt E erhalten wir, wenn wir von Punkt E' aus eine Senkrechte hochziehen und sie mit der Schrägen im Aufriß zum Schnitt bringen. Weiterhin ziehen wir von Punkt E' aus eine Waagerechte bis zum Schnitt mit der unter 45° verlaufenden Hilfslinie und von dort aus eine Senkrechte nach oben in den Seitenriß, um Punkt E'' zu erhalten. Diese Eckpunkte vervollständigen die beiden Kurvenzüge.

Es ist ratsam, die einzelnen Punkte, nicht wie in der Beschreibung aufgezeigt, mit der unter 45° verlaufenden Hilfslinie zu ermitteln, sondern mit dem Steckzirkel abzutragen, da hierdurch die Zeichnung etwas genauer wird.

Nr. 39

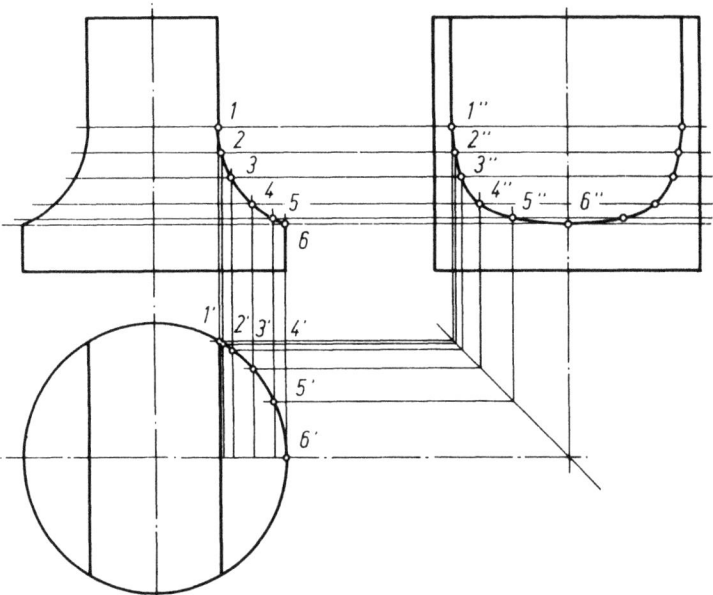

39. Gefrästes Stangenende

Dieses Stangenende wird aus einem Rundstahl hergestellt. Die beiden parallelen Seitenflächen des Aufrisses werden mit einem Fräser bearbeitet. Der Durchmesser bzw. Radius dieses Fräsers muß dem Radius der Punkte 1 bis 6 genau entsprechen.

Wir legen Schnitte durch den Körper im Auf- und Seitenriß, und zwar an der Stelle, wo der Radius liegt. Es ist ratsam, den fünften Schnitt kurz über den sechsten zu legen, damit die Kurve im Seitenriß in ihrem unteren Verlauf noch deutlicher ermittelt werden kann.

Dort, wo sich die waagerechten Schnittlinien mit dem Radius schneiden, liegen die Punkte 1 bis 6. Von diesen aus fällen wir Lote in den Grundriß. Die Punkte 1' bis 6' stellen die Schnittpunkte dieser Lote mit der Zylinderoberfläche (dem Kreis) dar.

Von den Punkten 1' bis 6' aus ziehen wir Waagerechte bis zum Schnitt mit einer unter 45° einzuzeichnenden Hilfslinie. Von hier aus wiederum ziehen wir Senkrechte in den Aufriß bis zum Schnitt mit den dazugehörenden waagerechten Schnittlinien. Hierdurch finden wir die gesuchte Durchdringungslinie mit den Punkten 1'' bis 6''. Um diesen Kurvenzug zu vervollständigen, errichten wir in Punkt 1'' eine Senkrechte bis zur Oberkante des Stangenendes.

Das Übertragen dieser Punkte in den Seitenriß wird mit Hilfe des Steckzirkels natürlich genauer erreicht.

Erklärung. Beim Schnitt in Höhe von Punkt 6 erhalten wir im Grundriß eine Kreisfläche. Beim Schnitt in Höhe von Punkt 1 erhalten wir die Draufsicht des Körpers, die uns ja bereits durch den Grundriß gegeben ist. Alle übrigen Schnitte haben im Grundriß die gleiche Form wie die Draufsicht, lediglich die Parallelen wandern mit jedem tiefer angelegten Schnitt weiter nach außen und die entsprechenden Punkte im Grund- und Seitenriß nach innen.

Nr. 40

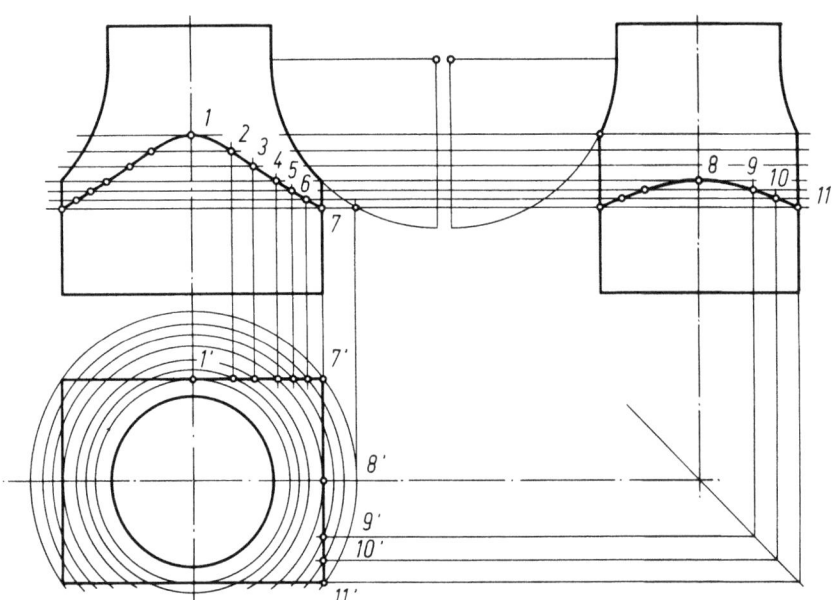

40. Übergangsstück von Rund auf Rechteck

Wenn wir an ein Stück Stahl mit einem rechteckigen Querschnitt einen zylindrischen Querschnitt andrehen, welcher mit einem Radius ausläuft, so erhalten wir dieses Stangenende. Wir können diesen Körper auch aus einem Rundstahl herstellen, dessen Durchmesser so groß ist wie der große Kreis im Grundriß. Zuerst wird dann der kleine Durchmesser, welcher in den Radius ausläuft, gedreht. Anschließend werden die vier Seitenflächen bearbeitet. In beiden Fällen entstehen die Durchdringungslinien zwangsläufig beim Bearbeiten. Gegeben sind die Umrisse des Körpers sowie der Übergangsradius. Gesucht werden die Kurven der Durchdringung im Auf- und Seitenriß.

Beim Aufzeichnen des Stangenendes ist im Seitenriß zwischen dem Radius und der Seitenfläche ein Schnittpunkt entstanden. An dieser Stelle legen wir den ersten Schnitt durch Auf- und Seitenriß.

Im Aufriß ist ebenfalls ein Schnittpunkt zwischen Radius und Seitenfläche entstanden. Durch ihn legen wir den vierten Schnitt.

Im Grundriß schlagen wir durch die Eckpunkte 7' einen Kreis. Im Schnittpunkt dieses Kreises mit der waagerechten Mittellinie errichten wir eine Senkrechte. Diese bringen wir zum Schnitt mit dem Radius im Aufriß. Durch den entstandenen Punkt hindurch legen wir den siebten Schnitt. Diese drei Schnitte müssen, wie soeben beschrieben, an ganz bestimmten Stellen liegen. Die übrigen Schnitte können jeweils ihrer Anzahl und Lage nach beliebig gewählt werden.

Wir nehmen nun nacheinander auf den einzelnen Schnittlinien im Aufriß die Entfernungen zwischen der senkrechten Mittellinie und den Schnittpunkten mit dem Radius in den Zirkel und zeichnen im Grundriß die entsprechenden Kreise ein. Diese schneiden die vier Seitenlinien. Von den Schnittpunkten mit der Längsseite aus ziehen wir Senkrechte in den Aufriß. Wo sich diese Senkrechten mit den dazugehörigen Schnitten treffen, liegen die Punkte 1 bis 7.

Im Schnittpunkt der Kreise mit der kurzen Seite liegen die Punkte 8' bis 11'. Die Entfernungen dieser Punkte bis zur waagerechten Mittellinie des Grundrisses nehmen wir in den Zirkel und tragen sie im Seitenriß in Höhe der entsprechenden Schnitte ab. Wir erhalten so die Punkte 8 bis 11.

Von den vorhin erwähnten Schnittpunkten 8' bis 11' aus können wir aber auch Waagerechte bis zur schrägen Hilfslinie zeichnen und von dort aus Senkrechte in den Aufriß ziehen, um die Punkte 8 bis 11 zu erhalten. Nur ist die erste Methode etwas genauer. Die gefundenen Punkte im Auf- und Seitenriß verbinden wir abschließend mit je einem Kurvenzug.

Erklärung. Der erste Schnitt ergibt eine Kreisfläche. Der siebte Schnitt stellt die Rechteckfläche dar. Alle dazwischen liegenden Schnitte haben die Form des Rechtecks sowie des Kreises gemeinsam. Stellen wir uns vor, der Körper wäre bei Punkt 3 geschnitten. Wir erhalten zunächst eine Kreisfläche. Die Schnittpunkte zwischen der Schnittlinie 3 und dem Radius auf beiden Seiten ergeben uns das Maß des Durchmessers. Nun wurde aber an den vier Seiten etwas abgeschnitten. Die Maße hierfür erhalten wir im Grundriß, denn dort, wo der Kreis durch eine Seitenfläche nach außen tritt, muß ein Punkt der Durchdringung liegen. Bei vorliegendem Stangenende durchdringen sich also der zylindrische und der rechteckige Querschnitt. Daher auch der Ausdruck „Durchdringung" für diese massiven Körper.

Nr. 41

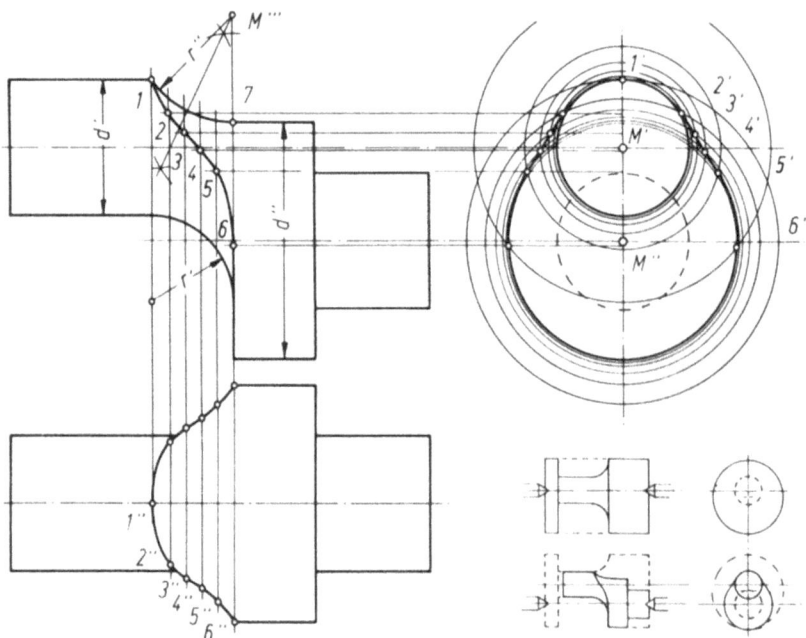

41. Exzenter

Bevor wir mit dem Aufreißen dieser Durchdringung beginnen, müssen wir uns zunächst darüber im klaren sein, wie dieser Exzenter hergestellt wird. Ein Stück Rundstahl erhält auf beiden Stirnseiten zwei Zentrierungen, und zwar mit einer Entfernung voneinander, die dem Abstand der beiden Punkte M' bis M'' entspricht. Beim ersten Arbeitsgang wird das Werkstück in die Zentrierungen M' zwischen Spindelstock- und Reitstockspitze gespannt. Nun wird die linke Seite, d. h. also d' gedreht. Nach rechts hin läuft d' mit dem Radius r' aus. Auch diese Hohlkehle wird beim ersten Arbeitsgang gedreht. Beim zweiten Arbeitsgang wird das Werkstück in der Längsachse M'' zwischen die Spitzen gespannt. Nun wird d'' und r'' gedreht. d'' läuft nach links in den Radius r'' aus. Hierbei entsteht zwangsläufig die Durchdringungslinie.

Gegeben ist die Entfernung der Mittelpunkte M' bis M'', d', d'' und r'. Gesucht sind die Durchdringungslinien im Auf-, Seiten- und Grundriß sowie der Radius r''. Letzterer ergibt sich wie folgt: Um die Punkte 1 und 7 schlagen wir nach oben und unten je einen Kreisbogen mit beliebiger Zirkelöffnung. Durch die Schnittpunkte dieser Kreisbögen ziehen wir eine Gerade und bringen sie zum Schnitt mit der nach oben verlängerten Linie 6 bis 7. Es entsteht der Mittelpunkt M''', um welchen wir mit der Zirkelöffnung M''' bis 7 den Kreisbogen 7 bis 1 schlagen.

Wir stellen uns vor, der Exzenter wäre in seinem Übergangsstück mehrmals geschnitten; in vorliegendem Fall an 6 Stellen. Diese Schnittlinien zeichnen wir als Senkrechte in den Auf- und Grundriß ein. Bei Schnitt 1 schlagen wir im Seitenriß um Punkt M' einen Kreis von der Größe des Durchmessers d', denn dieser Schnitt ergibt eine Kreisfläche. Beim sechsten Schnitt ergibt die Fläche ebenfalls einen Kreis, und zwar vom Durchmesser d'', welchen wir um Punkt M'' zeichnen. Bei Schnitt 2 nehmen wir die Strecke von der oberen Achse bis zum Radius r' in den Zirkel und schlagen um Punkt M' einen Kreis. Weiterhin nehmen wir die Entfernung von der unteren Achse bis zum Radius r'' in den Zirkel und schlagen damit um Punkt M'' einen Kreis. Im Schnittpunkt dieser beiden Kreise entsteht Punkt $2'$. Diese zweite Schnittstelle ist aus zwei Kreisflächen zusammengesetzt. Dasselbe ist auch beim dritten, vierten und fünften Schnitt der Fall.

Wenn wir den Körper an irgendeiner Stelle schneiden, erhalten wir im Seitenriß zwei Kreisflächen. Die Größe dieser Kreise müssen wir an der Schnittstelle abgreifen, und zwar von der Achse M' bis zum Radius r' oder von der Achse M'' bis zum Radius r''. Die an jeder Schnittstelle auftretenden beiden Kreise entstehen beim Drehen der Radien r' und r''. Dies kann man sich am besten anhand der in der Zeichnung unten rechts skizzierten Arbeitsgänge klarmachen.

Von den Punkten $1'$ bis $6'$ ausgehend ziehen wir waagerechte Linien bis zum Schnitt mit den entsprechenden Schnittlinien im Aufriß. Hierdurch entstehen die Punkte 1 bis 6. Auf den senkrechten Schnittlinien im Grundriß tragen wir von der Mittellinie aus die entsprechenden Entfernungen ab, um die Punkte $1''$ bis $6''$ festzulegen. Diese Entfernungen entnehmen wir dem Seitenriß, und zwar von der senkrechten Mittellinie bis zu den gegenüberliegenden Punkten von den Punkten $2'$ bis $6'$. Alle gefundenen Punkte verbinden wir zu Kurvenzügen.

III. Die rechnerische Ermittlung der Abwicklungen

Die Praxis erfordert zur Herstellung der Durchdringungskörper aus dicken Blechen bei großen Dimensionen ein Höchstmaß an Genauigkeit bei der Abwicklung. Die erforderliche Genauigkeit ist beim Aufreißen oft nicht zu erreichen, zumal die abzuwickelnden Durchdringungen nur selten im Maßstab 1 : 1 aufgerissen werden können. Aus diesem Grunde beschäftigt sich das dritte Kapitel mit rechnerischen Abwicklungsmethoden.

Gleichzeitig werden die Abwicklungen gegenüber dem ersten Kapitel etwas verändert, weil sich dies in der Praxis bewährt hat. Dies läßt sich am besten am Beispiel des Rohrkrümmers nach Nr. 19 bzw. Nr. 49 erklären. Wird ein Segmentstück nach Nr. 19 ausgeschnitten, so entsteht Abfall bzw. Verschnitt. Man kann die Abwicklung von Nr. 19 durch Ineinanderschachteln auch so auf einer Blechtafel anreißen, daß kein Abfall entsteht. Allerdings können diese sinusförmigen Schnitte in den meisten Fällen praktisch nicht ausgeführt werden. Außerdem ist das Rundwalzen besonders bei dicken Blechen etwas erschwert. Das Segmentstück nimmt hierbei zunächst eine ovale Form an. Dies kommt daher, weil der Walzendruck gleich bleibt und das zu biegende Blech erst schmal ist, dann breiter wird und zuletzt wieder schmal wird.

Ganz anders ist es bei Nr. 49. Die einzelnen Segmentstücke werden aus einem einzigen Schuß herausgeschnitten oder gebrannt. Das Rundwalzen eines Schusses bietet keine Schwierigkeit. Außerdem entsteht keinerlei Abfall.

An dieser Stelle sei jedoch gesagt, daß bei den meisten Abwicklungen Verschnitt anfällt. Im ganzen gesehen ist der Abfall bei den nach Kap. III hergestellten Körpern jedoch bedeutend geringer als bei den „klassischen" Abwicklungen im ersten Kapitel.

Beim Verlegen einer Rohrleitung z. B. werden immer neben den geraden Rohrschüssen mehrere Formstücke und somit Abwicklungen benötigt. Wenn nun die Abwicklungen aus geraden Rohrschüssen ausgeschnitten werden, kann man mehrere Arbeitskolonnen aufstellen. Die erste Arbeitsgruppe fertigt laufend Rohrschüsse an, welche für die gerade Rohrleitung sowohl als auch für die Formstücke benötigt werden. Die zweite Gruppe reißt die Abwicklungen auf den Rohrschüssen an und schneidet sie aus. Zwischen dem ersten und zweiten Arbeitsgang werden die Schüsse in Längsrichtung zugeschweißt. Hierbei ist darauf zu achten, daß die Schüsse, welche für die Abwicklungen bestimmt sind, nicht ganz durchgeschweißt werden. An die Stelle, wo nachher der Ausschnitt hinkommt, braucht man keine Schweißnaht zu legen.

Noch ein weiterer Punkt verdient Beachtung. Angenommen, der Kunde bestellt eine Rohrleitung von „cirka" 1 000 mm⌀; ca. 600 mm ⌀ oder ca. 300 mm⌀, dann fertigt man diese aus Blechen mit den Abmessungen 3 000 mm, 2 000 mm oder 1 000 mm an, d. h. also von normalen Tafeln ohne jeden Verschnitt. Die Durchmesser ändern sich hierbei auf ca. 950 mm⌀, 640 mm⌀ und 320 ⌀ (Maße entsprechend der Blechdicke genau ausrechnen).

Bei den Durchdringungen im dritten Kapitel ist immer nur ein Teil vermaßt. Nachdem es angerissen und ausgeschnitten ist, wird es auf das andere Teil gestellt. Mit Hilfe des ersten Teiles wird dann das zweite Teil angerissen und anschließend ausgeschnitten und mit dem ersten Teil zum fertigen Formstück zusammengeschweißt.

Die Arbeitszeit läßt sich noch weiter verkürzen, wenn man das ausgeschnittene erste Teil auf das zweite setzt, beide ausrichtet und miteinander verschweißt. Anschließend wird dann die Öffnung des zweiten Teiles mit dem Autogen-Schneidbrenner ausgebrannt.

Wir sehen, daß hierbei das Anreißen sowie das nochmalige Auf- und Absetzen des ersten Teiles gespart wird.

Nr. 42

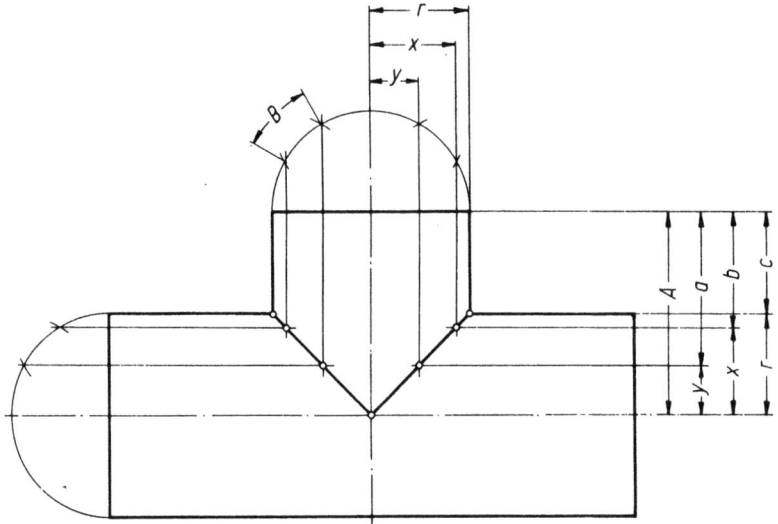

42. Durchdringung zweier Rohre gleichen Durchmessers unter einem Winkel von 90°

Bei allen Abwicklungen des dritten Kapitels sind die Maße A, C, D usw. gegeben. Außerdem ist der Durchmesser und somit der Radius bekannt. Bei gleichem Durchmesser bleiben auch die Maße r, x und y sowie B innerhalb einer Rohrleitung konstant. Die Maße x und y stellen die Projektion der „Zwölferteilung" dar und errechnen sich wie folgt:

$$y = \frac{r}{2}$$

$$x = 0{,}866 \cdot r$$

Das Bogenmaß B ist:

$$B = \frac{r \cdot 3{,}14}{6} \qquad \text{r ist hierbei der ä u ß e r e } \varnothing$$

Auf den fertiggestellten Schüssen werden die Mantellinien mit der Entfernung B voneinander aufgerissen. Auf diesen Mantellinien werden die Maße entsprechend der jeweiligen Abwicklung angetragen.

Bei vorliegender Nummer errechnen sich diese Maße wie folgt:

$$a = A - y$$
$$b = A - x$$
$$c = A - r$$

Nr. 43

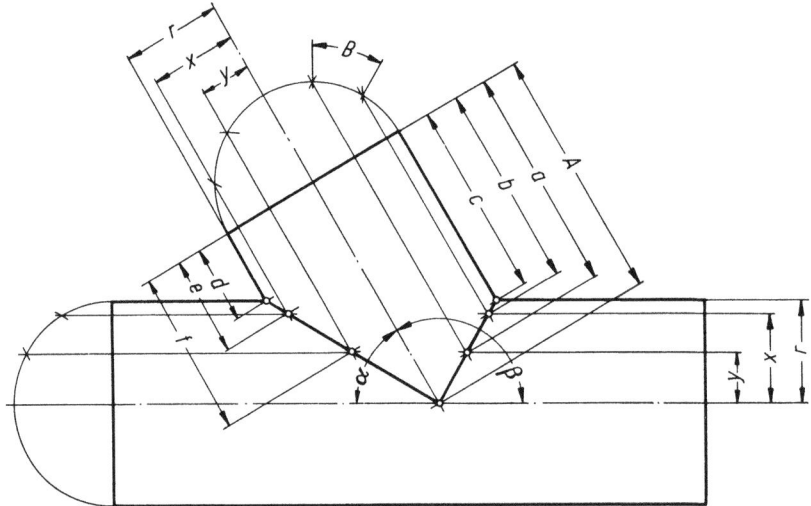

43. Durchdringung zweier Rohre gleichen Durchmessers unter einem beliebigen Winkel
(siehe Nr. 5)

Die Maße A, B, r, x, y sowie die beiden Winkel α und β sind bekannt.

$$a = A - y \cdot \cot \frac{\beta}{2}$$

$$b = A - x \cdot \cot \frac{\beta}{2}$$

$$c = A - r \cdot \cot \frac{\beta}{2}$$

$$d = A - r \cdot \cot \frac{\alpha}{2}$$

$$e = A - x \cdot \cot \frac{\alpha}{2}$$

$$f = A - y \cdot \cot \frac{\alpha}{2}$$

Nr. 44

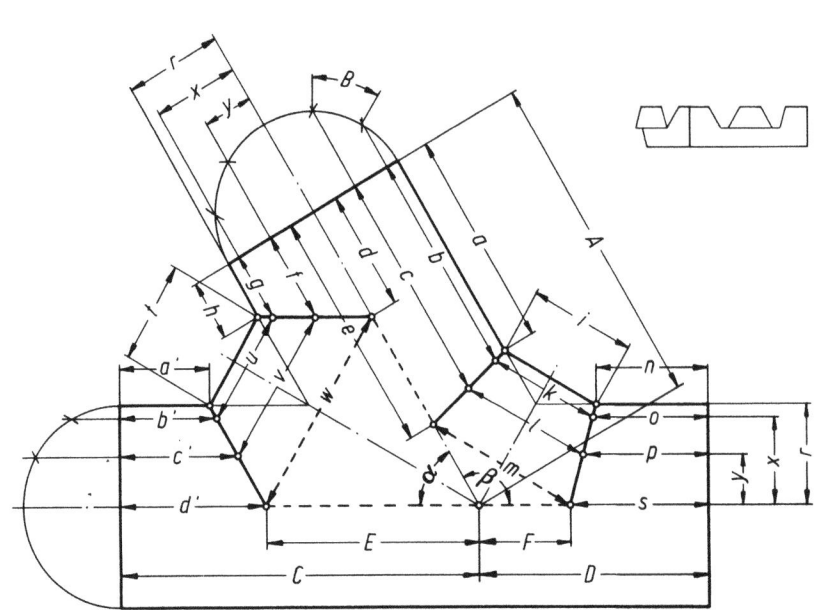

44. Schräger Rohrabzweig mit gebrochenen Kanten
(siehe Nr. 12)

Die Maße A, C, D sowie die Winkel α und β sind bekannt.
Die Maße i und t können wir beliebig wählen.
Zur Vereinfachung des Rechnungsvorganges errechnen wir uns zuvor folgende Zahlenwerte:

$$(r - x) \cdot \tan \frac{\alpha}{4}$$

$$y \cdot \tan \frac{\alpha}{4}$$

$$r \cdot \tan \frac{\alpha}{4}$$

Hierbei darf noch erwähnt werden, daß tan α bei α 40° z.B. tan von $\frac{40°}{4} = 10°$ aufzusuchen ist.

$$(r - x) \cdot \tan \frac{\beta}{4}$$

$$y \cdot \tan \frac{\beta}{4}$$

Also $\tan \frac{40°}{4} = \tan 10°$

$$r \cdot \tan \frac{\beta}{4}$$

$$x \cdot \tan \frac{\alpha}{4}$$

$$x \cdot \tan \frac{\beta}{4}$$

$$k = i + \left[2 \cdot (r - x) \cdot \tan \frac{\alpha}{4} \right]$$

$$l = i + \left[2 \cdot y \cdot \tan \frac{\alpha}{4} \right]$$

$$m = i + \left[2 \cdot r \cdot \tan \frac{\alpha}{4} \right]$$

$$u = t + \left[2 \cdot (r - x) \cdot \tan \frac{\beta}{4} \right]$$

$$v = t + \left[2 \cdot y \cdot \tan \frac{\beta}{4} \right]$$

$$w = t + \left[2 \cdot r \cdot \tan \frac{\beta}{4} \right]$$

Mit Hilfe der errechneten Maße m und w errechnen wir uns die Maße F und E.

$$F = \frac{\frac{m}{2}}{\sin\frac{\beta}{2}}$$

dann ist

$s = D - F$
$d' = C - E$

$$E = \frac{\frac{w}{2}}{\sin\frac{\alpha}{2}}$$

$n = s - \left(r \cdot \tan\frac{\alpha}{4}\right)$ $\qquad$ $a' = d' - \left(r \cdot \tan\frac{\beta}{4}\right)$

$o = s - \left(x \cdot \tan\frac{\alpha}{4}\right)$ $\qquad$ $b' = d' - \left(x \cdot \tan\frac{\beta}{4}\right)$

$p = s - \left(y \cdot \tan\frac{\alpha}{4}\right)$ $\qquad$ $c' = d' - \left(y \cdot \tan\frac{\beta}{4}\right)$

$d = A - E$
$e = A - F$

$a = e - \left(r \cdot \tan\frac{\alpha}{4}\right)$ $\qquad$ $f = d - \left(y \cdot \tan\frac{\beta}{4}\right)$

$b = e - \left(x \cdot \tan\frac{\alpha}{4}\right)$ $\qquad$ $g = d - \left(x \cdot \tan\frac{\beta}{4}\right)$

$c = e - \left(y \cdot \tan\frac{\alpha}{4}\right)$ $\qquad$ $h = d - \left(r \cdot \tan\frac{\beta}{4}\right)$

Um unnötige Abfälle zu vermeiden, erfolgt das Anreißen auf den Rohrschüssen am besten gemäß der in der Zeichnung oben rechts befindlichen Skizze.

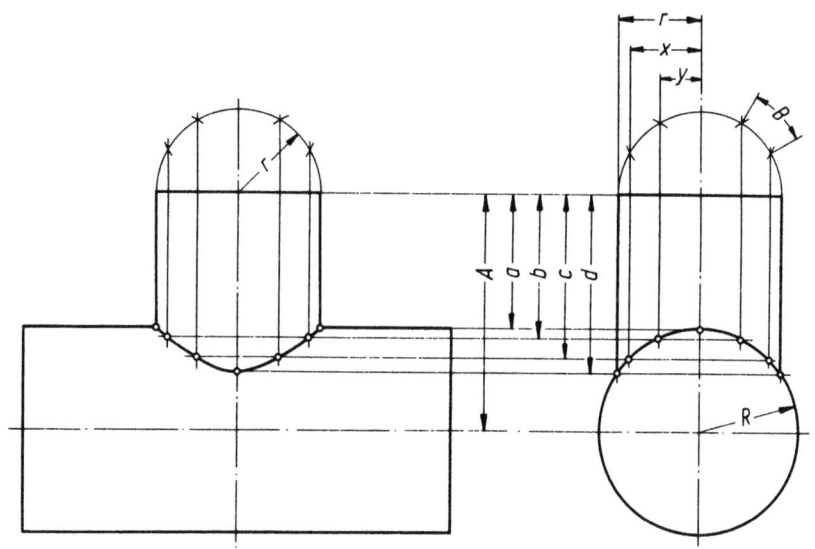

45. Durchdringung zweier Rohre verschiedenen Durchmessers unter einem Winkel von 90°

(siehe Nr. 6)

$a = A - R$
$b = A - \sqrt{R^2 - y^2}$
$c = A - \sqrt{R^2 - x^2}$
$d = A - \sqrt{R^2 - r^2}$

Nr. 46

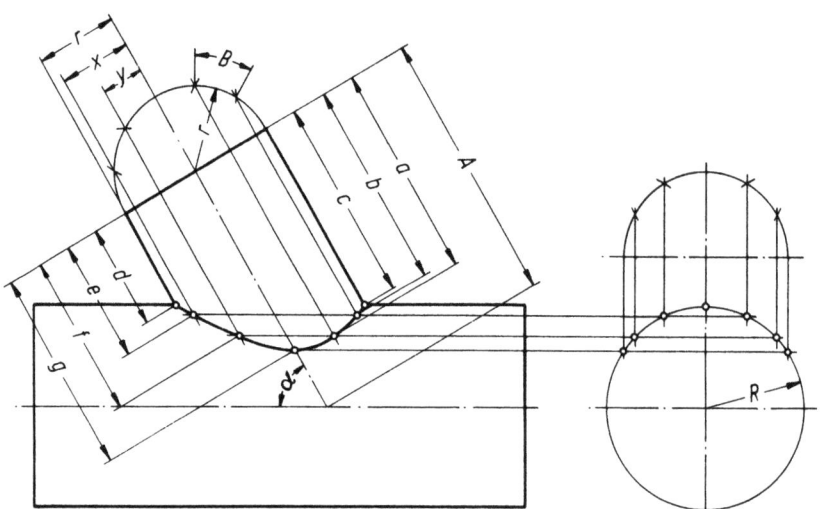

46. Durchdringung zweier Rohre verschiedenen Durchmessers unter einem beliebigen Winkel

(siehe Nr. 7)

Gegeben sind die Maße A, R, r, x, y, B sowie der Winkel α.

$$a = A + y \cdot \cot \alpha - \frac{\sqrt{R^2 - x^2}}{\sin \alpha}$$

$$b = A + x \cdot \cot \alpha - \frac{\sqrt{R^2 - y^2}}{\sin \alpha}$$

$$c = A + r \cdot \cot \alpha - \frac{R}{\sin \alpha}$$

$$d = A - r \cdot \cot \alpha - \frac{R}{\sin \alpha}$$

$$e = A - x \cdot \cot \alpha - \frac{\sqrt{R^2 - y^2}}{\sin \alpha}$$

$$f = A - y \cdot \cot \alpha - \frac{\sqrt{R^2 - x^2}}{\sin \alpha}$$

$$g = A - \frac{\sqrt{R^2 - r^2}}{\sin \alpha}$$

Nr. 47

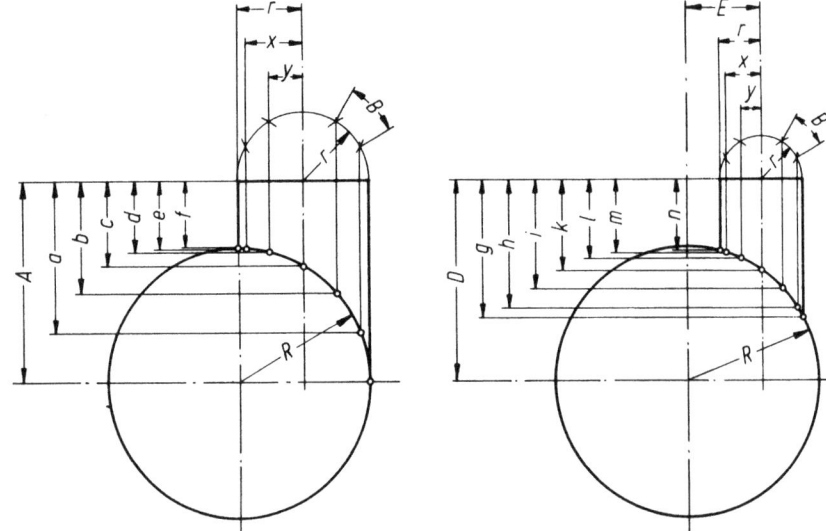

47. Rohre mit außermittig angeordnetem Stutzen

(siehe Nr. 15 u. 16)

Gegeben sind die Maße: A, R, r und somit B, x und y.
Oder gegeben: D, R, r und somit B, x und y und außerdem noch das Maß E.
Die einzelnen Maße können wie nachstehend aufgeführt errechnet werden:

$$a = A - \sqrt{R^2 - (r + x)^2}$$

$$b = A - \sqrt{R^2 - (r + y)^2}$$

$$c = A - \sqrt{R^2 - r^2}$$

$$d = A - \sqrt{R^2 - y^2}$$

$$e = A - \sqrt{R^2 - (r - x)^2}$$

$$f = A - R$$

$$g = D - \sqrt{R^2 - (E + r)^2}$$

$$h = D - \sqrt{R^2 - (E + x)^2}$$

$$i = D - \sqrt{R^2 - (E + y)^2}$$

$$k = D - \sqrt{R^2 - E^2}$$

$$l = D - \sqrt{R^2 - (E - y)^2}$$

$$m = D - \sqrt{R^2 - (E - x)^2}$$

$$n = D - \sqrt{R^2 - (E - r)^2}$$

Nr. 48

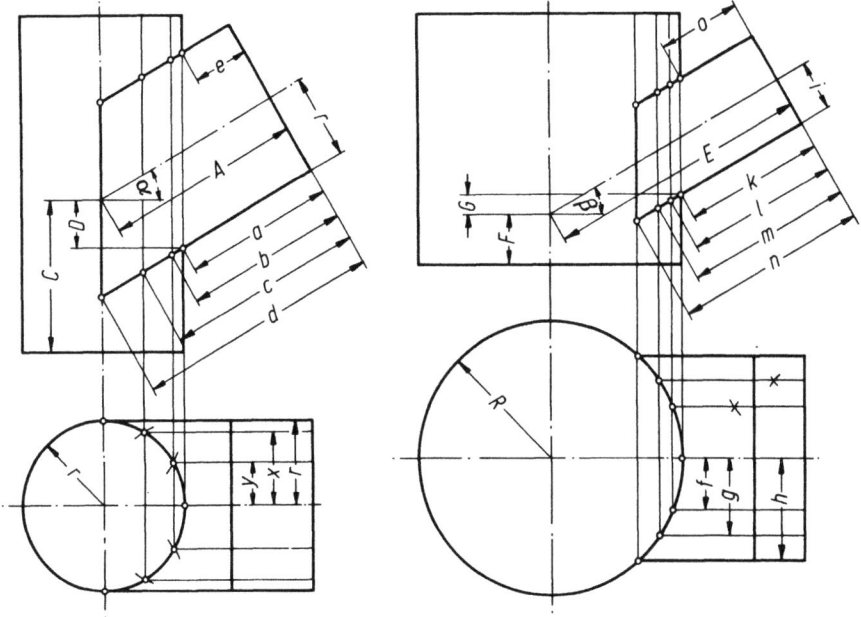

48. Durchdringung von Rohr und Vierkant
(siehe Nr. 17 u. 18)

Gegeben: A und Winkel α sowie r, y und x.
Zu Beginn errechnen wir uns das Maß d.

$$d = r \cdot \tan\alpha + A$$

$$a = d - \frac{r}{\cos\alpha}$$

$$b = d - \frac{x}{\cos\alpha}$$

$$c = d - \frac{y}{\cos\alpha}$$

$$e = A - r \cdot \tan\alpha - \frac{r}{\cos\alpha}$$

$$D = \frac{r}{\cos\alpha} - r \cdot \tan\alpha$$

Gegeben: E und Winkel β sowie R, h, g und f.
Zuerst errechnen wir uns das Maß k.

$$k = E + i \cdot \tan\beta - \frac{R}{\cos\beta}$$

$$l = k + \frac{R - \sqrt{R^2 - f^2}}{\cos\beta}$$

$$m = k + \frac{R - \sqrt{R^2 - g^2}}{\cos\beta}$$

$$n = k + \frac{R - \sqrt{R^2 - h^2}}{\cos\beta}$$

$$o = E - i \cdot \tan\beta - \frac{R}{\cos\beta}$$

$$G = R \cdot \tan\beta - \frac{i}{\cos\beta}$$

Wird das Maß i größer als R, so lautet die Formel

$$G = \frac{i}{\cos\beta} - R \cdot \tan\beta$$

Nr. 49

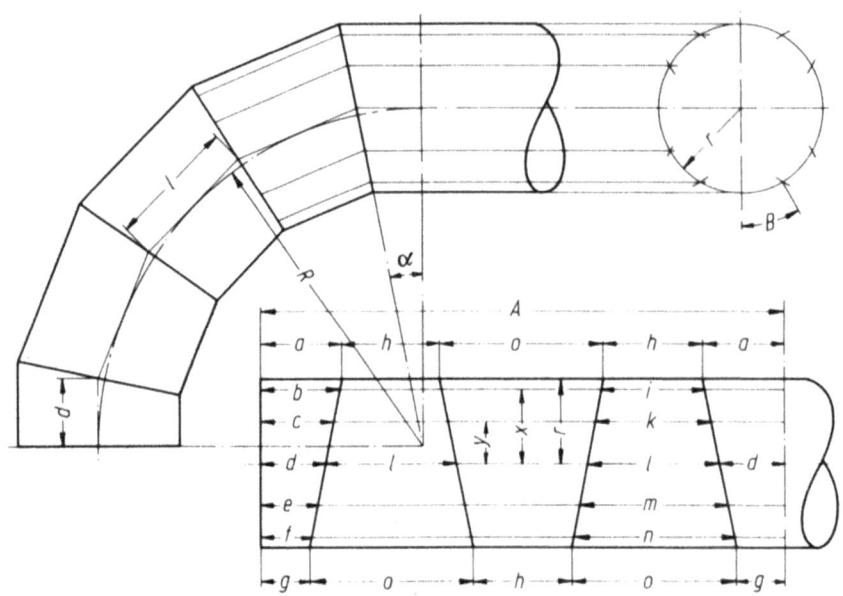

49. Rohrkrümmer 90°

(siehe Nr. 19)

Der Krümmer wird aus einem Rohrschuß hergestellt. Dies erreichen wir, wenn wir die beiden äußeren Mittel-Segmente um 180° drehen. Hierdurch läßt sich der Krümmer ohne jeglichen Verschnitt anfertigen. Wird der Krümmer wie bei Nr. 19 abgewickelt, so fällt sehr viel Verschnitt an. Die Maße R und r und somit auch die Maße B, y und x sind bekannt. Die Abbildung zeigt einen 90°-Krümmer mit drei Segmentstücken.

Dann wird das Maß d bei einem n-teiligen Krümmer wie folgt errechnet:

$$
\begin{aligned}
&1\,\text{teilig}; \quad d = R \cdot 0{,}414 \\
&2\,\text{teilig}; \quad d = R \cdot 0{,}268 \\
&3\,\text{teilig}; \quad d = R \cdot 0{,}199 \\
&4\,\text{teilig}; \quad d = R \cdot 0{,}158 \\
&5\,\text{teilig}; \quad d = R \cdot 0{,}132
\end{aligned}
$$

Das Maß l ist = 2 · d, bzw.
1 teilig; l = R · 0,828
2 teilig; l = R · 0,536
3 teilig; l = R · 0,398
4 teilig; l = R · 0,316
5 teilig; l = R · 0,264

Das Maß A addiert sich wie folgt:
1 teilig; A = (1 · l) + (2 · d)
2 teilig; A = (2 · l) + (2 · d)
3 teilig; A = (3 · l) + (2 · d)
4 teilig; A = (4 · l) + (2 · d)
5 teilig; A = (5 · l) + (2 · d)

Soll ein Krümmer mit einer anderen Gradzahl als 90° abgewickelt werden, so ist der tan des Winkels α zu ermitteln.

Die Maße a bis o werden folgendermaßen errechnet:

$$
\begin{aligned}
a &= d + (r \cdot \tan\alpha) \\
b &= d + (x \cdot \tan\alpha) \\
c &= d + (y \cdot \tan\alpha) \\
e &= d - (y \cdot \tan\alpha) \\
f &= d - (x \cdot \tan\alpha) \\
g &= d - (r \cdot \tan\alpha)
\end{aligned}
\qquad
\begin{aligned}
h &= l - (r \cdot 2 \cdot \tan\alpha) \\
i &= l - (x \cdot 2 \cdot \tan\alpha) \\
k &= l - (y \cdot 2 \cdot \tan\alpha) \\
m &= l + (y \cdot 2 \cdot \tan\alpha) \\
n &= l + (x \cdot 2 \cdot \tan\alpha) \\
o &= l + (r \cdot 2 \cdot \tan\alpha)
\end{aligned}
$$

Für tan α bzw. 2 · tan α werden bei einem n-teiligen 90°-Krümmer folgende Werte eingesetzt:

1 teilig; tan α = 0,414;   2 · tan α = 0,828
2 teilig; tan α = 0,268;   2 · tan α = 0,536
3 teilig; tan α = 0,199;   2 · tan α = 0,398
4 teilig; tan α = 0,158;   2 · tan α = 0,316
5 teilig; tan α = 0,132;   2 · tan α = 0,264

Die einzelnen Kettenmaße müssen zusammengezählt immer wieder das Maß A ergeben.

Zum Beispiel die Unterkante: g + o + h + o + g = A

Wenn ein Krümmer hergestellt werden soll, dessen Rohrdurchmesser relativ klein ist, d. h., wenn man das Rohr auf einer Maschine gerade noch sägen kann, können wir auf die Abwicklung verzichten. In diesem Falle genügt es, die beiden Maße d und l zu errechnen und die Segmentstücke entsprechend dem Winkel α abzusägen.

Es sei noch darauf hingewiesen, daß die Endsegmente mit dem Längenmaß d am vorteilhaftesten gem. der Darstellung oben rechts ausgeführt werden sollten, da dies gegenüber dem unten links gezeichneten Endsegment die Einsparung von zwei Sägeschnitten und einer Nahtverbindung bedeutet.

Nr. 50

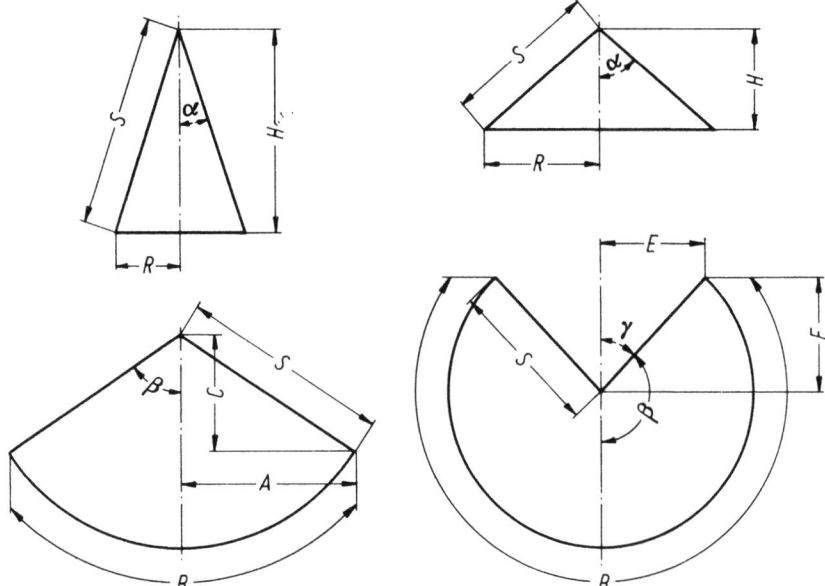

50. Kegel
(siehe Nr. 22)

Bei der rechnerischen Ermittlung des Kegels wählen wir nicht, wie in Nr. 22 beschrieben, die „Zwölferteilung" sondern eine 8er- oder 16er-Teilung, da es nicht möglich ist, den Bogen der Abwicklung mit dem Zirkel in 12 gleich große Teile zu teilen.

Gegeben: R und H;

$$S = \sqrt{H^2 + R^2} \qquad \cot\alpha = \frac{H}{R}$$

oder gegeben: R und α;

$$H = R \cdot \cot\alpha \qquad S = \frac{R}{\sin\alpha}$$

Die Bogenlänge B der Abwicklung muß gleich sein dem Umfang der Grundfläche des Kegels. Demgemäß ergibt sich die Ableitung des Winkels β wie folgt:

$B = U;$ $\qquad B = 2 \cdot S \cdot \pi \cdot \frac{2 \cdot \beta}{360};$ $\qquad U = 2 \cdot R \cdot \pi;$ $\qquad S \cdot \pi \cdot \frac{\beta}{180} = S \cdot \sin\alpha \cdot \pi$

$\frac{B}{2} = \frac{U}{2};$ $\qquad \frac{B}{2} = S \cdot \pi \cdot \frac{\beta}{180};$ $\qquad \frac{R}{S} = \sin\alpha;$ $\qquad \frac{\beta}{180} = \sin\alpha$

$\qquad\qquad\qquad\qquad\qquad\qquad\qquad R = S \cdot \sin\alpha;$ $\qquad \boxed{\beta = 180 \cdot \sin\alpha}$

$\qquad\qquad\qquad\qquad\qquad\qquad\qquad U = 2 \cdot S \cdot \sin\alpha \cdot \pi;$

$\qquad\qquad\qquad\qquad\qquad\qquad\qquad \frac{U}{2} = S \cdot \sin\alpha \cdot \pi;$

An dieser Stelle sei vermerkt, daß alle übrigen Formeln des dritten Kapitels keiner Ableitung bedürfen, da sie durch einfache Überlegungen zu finden sind.

Angenommen wir erhielten für den Winkel β den Zahlenwert 56,75, dann ist $\beta = 56°45'$, denn $0{,}75 \cdot 60' = 45'$.

Wenn der Winkel α des Kegels 30° beträgt, dann ist $\beta = 180 \cdot 0{,}5 = 90°$. Man sollte daher aus Gründen der Blechersparnis sowie der Vereinfachung der Abwicklung nach Möglichkeit immer den Winkel α mit 30° wählen.

Bei α kleiner 30° wird: (s. linke Seite der Zeichnung)
$\qquad\qquad A = S \cdot \sin\beta \qquad C = S \cdot \cos\beta$

Bei α größer 30° wird: (s. rechte Seite der Zeichnung)
$\qquad\qquad \gamma = 180 - \beta \qquad E = S \cdot \sin\gamma \qquad F = S \cdot \cos\gamma$

Nr. 51

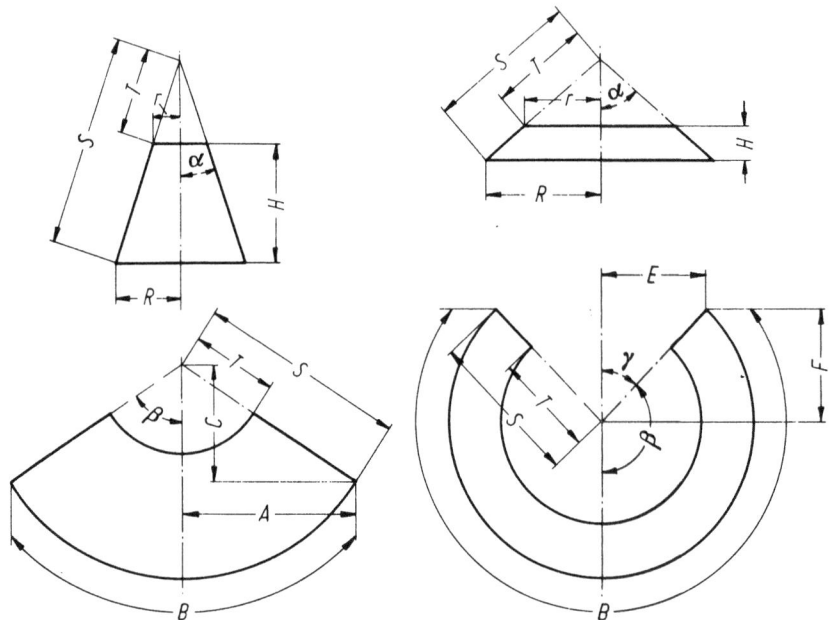

51. Kegelstumpf

(siehe Nr. 23)

Da es nicht möglich ist, den großen Bogen der Abwicklung geometrisch in 12 gleichgroße Teile zu teilen, wählen wir entgegen der Beschreibung bei Nr. 23 eine 8er- oder 16er-Teilung.

Gegeben: R, r und H   oder gegeben: R, r und α

$$\cot \alpha = \frac{H}{R - r} \qquad\qquad H = (R - r) \cdot \cot \alpha$$

$$S = \frac{R}{\sin \alpha} \qquad\qquad S = \frac{R}{\sin \alpha}$$

$$T = \frac{r}{\sin \alpha} \qquad\qquad T = \frac{r}{\sin \alpha}$$

Unter der Voraussetzung, daß die große Bogenlänge B der Abwicklung gleich ist dem Umfang der großen Grundfläche des Kegelstumpfes, gestaltet sich die Ableitung des Winkels β genau wie beim Kegel der vorhergehenden Nummer.

Dann ist analog

$$\beta = 180 \cdot \sin \alpha$$

Bei α kleiner 30° wird: (linke Seite der Zeichnung)

$$A = S \cdot \sin \beta$$
$$C = S \cdot \cos \beta$$

Bei α größer 30° wird: (rechte Seite der Zeichnung)

$$\gamma = 180 - \beta$$
$$E = S \cdot \sin \gamma$$
$$F = S \cdot \cos \gamma$$

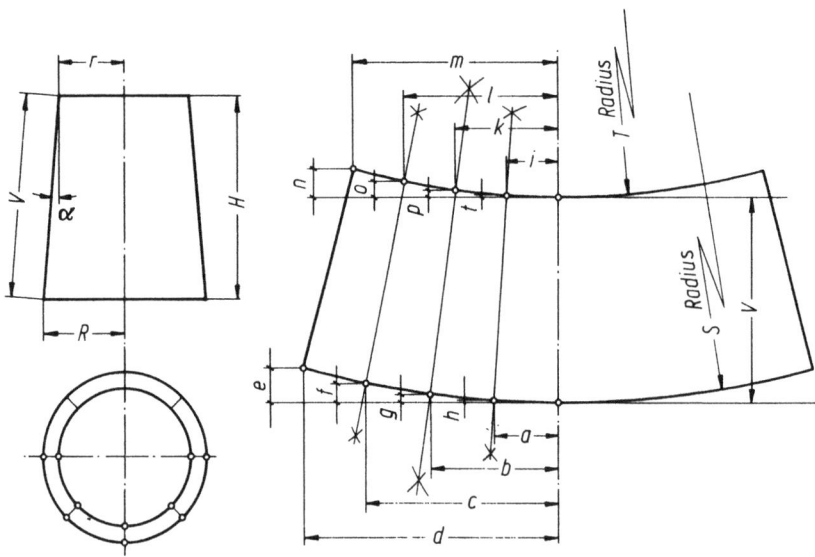

52. Schwach kegeliger Schuß

Es werden wohl immer folgende Maße gegeben sein: R, r und H. Hiermit errechnen wir das Maß V.

$$V = \sqrt{H^2 + (R - r)^2}$$

Die Radien S und T können wir hierbei zeichnerisch nicht mehr ermitteln. Dementsprechend können wir die Bogen ebenfalls nicht aufreißen, da kein Stangenzirkel groß genug wäre. Aber rechnerisch können wir das Maß S und das Maß T sowie auch den Bogen selbst erfassen.

$$\cot \alpha = \frac{H}{R-r}$$

$$S = \frac{R}{\sin \alpha}$$

$$T = \frac{r}{\sin \alpha}$$

Die Maße S und T wollen wir der Genauigkeit halber nicht mit dem Rechenschieber, sondern von Hand dividieren. Zur Kontrolle: T + V muß wieder S ergeben.

$\beta = 180 \cdot \sin \alpha$ (bitte von Hand errechnen)

$a = S \cdot \sin \frac{\beta}{4}$ $\qquad\qquad$ $i = T \cdot \sin \frac{\beta}{4}$

$b = S \cdot \sin \frac{\beta}{2}$ $\qquad\qquad$ $k = T \cdot \sin \frac{\beta}{2}$

$c = S \cdot \sin \frac{\beta 3}{4}$ $\qquad\qquad$ $l = T \cdot \sin \frac{\beta 3}{4}$

$d = S \cdot \sin \beta$ $\qquad\qquad$ $m = T \cdot \sin \beta$

$e = d \cdot \tan \frac{\beta}{2}$ $\qquad\qquad$ $n = m \cdot \tan \frac{\beta}{2}$

$f = c \cdot \tan \frac{\beta 3}{8}$ $\qquad\qquad$ $o = l \cdot \tan \frac{\beta 3}{8}$

$g = b \cdot \tan \frac{\beta}{4}$ $\qquad\qquad$ $p = k \cdot \tan \frac{\beta}{4}$

$h = a \cdot \tan \frac{\beta}{8}$ $\qquad\qquad$ $t = i \cdot \tan \frac{\beta}{8}$

Folgendes darf noch kurz erwähnt werden:
Angenommen β sei 40°, dann ist:

$$\sin \frac{\beta}{2} = \sin 20°$$

$$\sin \frac{\beta}{4} = \sin 10°$$

$$\sin \frac{\beta 3}{4} = \sin 30°$$

$$\sin \frac{\beta}{8} = \sin 5°$$

$$\sin \frac{3\beta}{8} = \sin 15°$$

Nr. 53

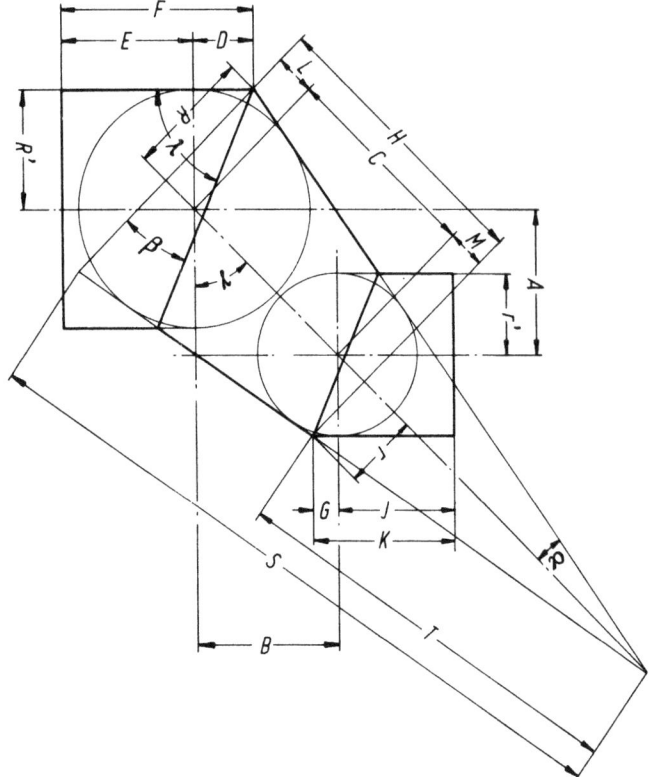

Nr. 53

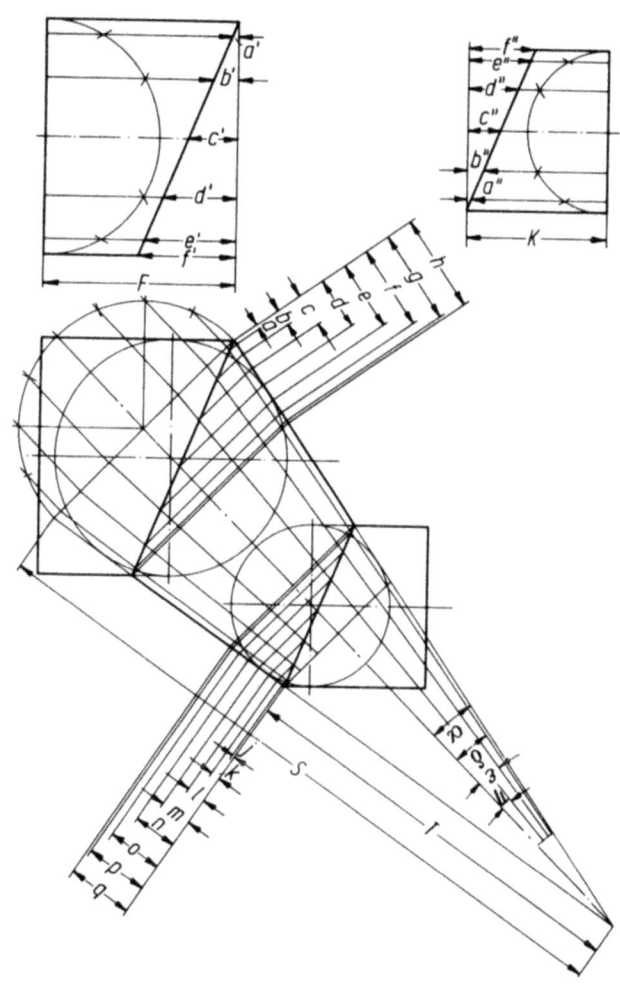

53. Übergangsstück bei Rohren verschiedenen Durchmessers
(siehe Nr. 31)

Diese Aufgabe ist als Vorstufe zur Nr. 54 „Hosenstück" gedacht. Hierbei gilt es, zwei Gas- oder Flüssigkeitsströme zu vereinen oder ein Medium in zwei Ströme zu teilen. In beiden Fällen muß der Querschnitt des großen Rohres den Querschnitten der beiden kleinen Rohre entsprechen.

Genügend genau ist also:

(1) $$r' = 0{,}7 \cdot R'$$

Die Maße A B C E und J sowie der Winkel γ werden konstruktiv festgelegt.

(2) $$\sin \alpha = \frac{R' - r'}{C}$$

Für den nachstehenden Rechnungsgang werden noch folgende Werte benötigt:

$$\tan \alpha =$$
$$\cos \alpha =$$

(3) $$\cot \lambda = \frac{1}{2} \left(\tan \frac{90 - \gamma + \alpha}{2} + \tan \frac{90 - \gamma - \alpha}{2} \right)$$

Der Winkel $\lambda =$ ist nicht $\frac{\gamma + 90}{2}$, sondern stets um einige Minuten kleiner.

(4) $$\beta = \lambda - \gamma \qquad \sin \beta =$$
$$\tan \beta =$$

(5) $$R = R' \frac{\sin\left(\frac{90 - \gamma + \alpha}{2} + \gamma\right)}{\cos\left(\frac{90 - \gamma + \alpha}{2}\right)}$$

Der Ausdruck $\left(\frac{90 - \gamma + \alpha}{2}\right)$ wurde bei Formel (3) bereits ausgerechnet.

(6) $$r = r' \frac{\sin\left(\frac{90 - \gamma - \alpha}{2} + \gamma\right)}{\cos\left(\frac{90 - \gamma - \alpha}{2}\right)}$$

Der Ausdruck $\left(\frac{90 - \gamma - \alpha}{2}\right)$ wurde bei Formel (3) bereits ausgerechnet.

(7) $\quad D = R' \cdot \tan \dfrac{90 - \gamma + \alpha}{2}$

$\quad\quad\quad \tan \dfrac{90 - \gamma + \alpha}{2} \quad$ siehe Formel (3)

(8) $\quad F = D + E$

(9) $\quad G = r' \cdot \tan \dfrac{90 - \gamma - \alpha}{2} \quad$ auch dieser Ausdruck siehe Formel (3)

(10) $\quad K = G + J$

(11) $\quad L = R \cdot \tan \dfrac{90 - \gamma - \alpha}{2} \quad$ siehe Formel (3)

(12) $\quad M = r \cdot \tan \dfrac{90 - \gamma + \alpha}{2} \quad$ siehe Formel (3)

(13) $\quad H = C + L + M$

An dieser Stelle der Berechnung liegen die Maße R, r und H sowie der Winkel α fest. Die Maße S und T werden gemäß der Abhandlung Nr. 51 „Kegelstumpf" errechnet.

(14) $\quad S = \dfrac{R}{\sin \alpha} \quad\quad\quad \sin \alpha$ siehe Formel (2)

(15) $\quad T = \dfrac{r}{\sin \alpha}$

(16) $\quad \tan \delta = 0{,}9239 \cdot \tan \alpha \quad\quad \cos \delta =$
(17) $\quad \tan \varepsilon = 0{,}7071 \cdot \tan \alpha \quad\quad \cos \varepsilon =$
(18) $\quad \tan \eta = 0{,}3827 \cdot \tan \alpha \quad\quad \cos \eta =$

$\quad\quad\quad\quad\quad\quad\quad\quad\quad\quad\quad \tan \alpha$ siehe Formel (2)

In der Praxis wird nun der Mantel des Kegelstumpfes (gem. Nr. 51) aufgerissen. Anschließend erfolgt das Anreißen der 16 Mantellinien. Der Genauigkeit wegen müssen hier, im Gegensatz zu Nr. 23 16 anstatt 12 Mantellinien gewählt werden, weil wir nur bei der 16er-Teilung die abgewickelte Mantelfläche mit Hilfe des Zirkels genau unterteilen können.

U. U. kann es von Vorteil sein, wenn wir die Lage der Mantellinien gemäß Nr. 52 „Schwach kegeliger Schuß" errechnen.

$$a = \dfrac{R \cdot \sin \beta}{\cos \alpha} \cdot \dfrac{0{,}0761 \cdot \cos \delta}{\cos (\beta + \delta)}$$

$$j = \dfrac{r \cdot \sin \beta}{\cos \alpha} \cdot \dfrac{0{,}0761 \cdot \cos \delta}{\cos (\beta - \delta)}$$

$$b = \dfrac{R \cdot \sin \beta}{\cos \alpha} \cdot \dfrac{0{,}2929 \cdot \cos \varepsilon}{\cos (\beta + \varepsilon)}$$

$$k = \frac{r \cdot \sin\beta}{\cos\alpha} \cdot \frac{0{,}2929 \cdot \cos\varepsilon}{\cos(\beta - \varepsilon)}$$

$$c = \frac{R \cdot \sin\beta}{\cos\alpha} \cdot \frac{0{,}6173 \cdot \cos\eta}{\cos(\beta + \eta)}$$

$$l = \frac{r \cdot \sin\beta}{\cos\alpha} \cdot \frac{0{,}6173 \cdot \cos\eta}{\cos(\beta - \eta)}$$

$$d = \frac{R \cdot \tan\beta}{\cos\alpha}$$

$$m = \frac{r \cdot \tan\beta}{\cos\alpha}$$

$$e = \frac{R \cdot \sin\beta}{\cos\alpha} \cdot \frac{1{,}3827 \cdot \cos\eta}{\cos(\beta - \eta)}$$

$$n = \frac{r \cdot \sin\beta}{\cos\alpha} \cdot \frac{1{,}3827 \cdot \cos\eta}{\cos(\beta + \eta)}$$

$$f = \frac{R \cdot \sin\beta}{\cos\alpha} \cdot \frac{1{,}7071 \cdot \cos\varepsilon}{\cos(\beta - \varepsilon)}$$

$$o = \frac{r \cdot \sin\beta}{\cos\alpha} \cdot \frac{1{,}7071 \cdot \cos\varepsilon}{\cos(\beta + \varepsilon)}$$

$$g = \frac{R \cdot \sin\beta}{\cos\alpha} \cdot \frac{1{,}9239 \cdot \cos\delta}{\cos(\beta - \delta)}$$

$$p = \frac{r \cdot \sin\beta}{\cos\alpha} \cdot \frac{1{,}9239 \cdot \cos\delta}{\cos(\beta + \delta)}$$

$$h = \frac{2 \cdot R \cdot \sin\beta}{\cos(\beta - \alpha)}$$

$$q = \frac{2 \cdot r \cdot \sin\beta}{\cos(\beta + \alpha)}$$

Dieser Berechnung liegt eine 8er-Teilung zugrunde.

Wir können dieselbe durch Halbieren der Entfernungen zwischen den Punkten mittels Zirkel zu einer 16er-Teilung erweitern.

$a' = R' \cdot \cot\lambda \cdot 0{,}134$ $a'' = r' \cdot \cot\lambda \cdot 0{,}134$
$b' = R' \cdot \cot\lambda \cdot 0{,}5$ $b'' = r' \cdot \cot\lambda \cdot 0{,}5$
$c' = R' \cdot \cot\lambda$ $c'' = r' \cdot \cot\lambda$
$d' = R' \cdot \cot\lambda \cdot 1{,}5$ $d'' = r' \cdot \cot\lambda \cdot 1{,}5$
$e' = R' \cdot \cot\lambda \cdot 1{,}866$ $e'' = r' \cdot \cot\lambda \cdot 1{,}866$
$f' = R' \cdot \cot\lambda \cdot 2{,}0$ $f'' = r' \cdot \cot\lambda \cdot 2{,}0$

Die errechneten Maße a' bis f' sowie a'' bis f'' werden auf den Mantellinien der Rohrschüsse angerissen. Die Rohre erhalten die normale 12er-Teilung. Selbst bei einer 16er-Teilung des Rohres würden sich die Mantellinien des Rohrschusses nicht mit den Mantellinien des Kegelstumpfes an der Geraden schneiden.

Für die Herstellung dieses Übergangsstückes in der Praxis sei empfohlen, zuerst den Kegelstumpf zu walzen und anschließend die Mantellinien mit den Durchdringungspunkten anzureißen. Das Walzen dieses exakt herzustellenden Kegelstumpfes ist relativ einfach im Verhältnis zu dem „abgestumpften schiefen Kegel" aus Nr. 21, der ja in Wirklichkeit einen schlecht zu walzenden ovalen Querschnitt hat. Wenn man die fertig ausgeschnittenen Abwicklungen Nr. 53 u. Nr. 54 zuwalzen würde, so bekäme dieser Kegelstumpf wegen dem gleichbleibenden Walzendruck und der sich ändernden Blechbreite einen ei-förmigen Querschnitt.

Dieses Übergangsstück ist als Vorstufe für das in der folgenden Nummer dargestellte Hosenstück unerläßlich. Die rechnerische Ermittlung dieser Durchdringung gestattet eine ganz exakte Anfertigung sowohl des einfachen Übergangsstückes als auch des Hosenstückes. Dieser Vorteil kommt ganz besonders bei sehr dicken Blechen und großen Rohrdurchmessern zum Tragen. Das Hosenstück Nr. 54, dessen Abwicklung bei Nr. 33 eingehend beschrieben wurde, ist also dem von Nr. 32 in bezug auf seine Genauigkeit weit überlegen.

Wir sollten also immer das Hosenstück entsprechend der nachfolgenden Nummer abwickeln und uns nicht von den paar Formeln dieser beiden Aufgaben zurückschrecken lassen, zumal einige Formelwerte aus dem Anfang der Berechnung gegen Ende nochmals benötigt werden. Leider sieht man nur zu oft die unschönen Hosenstücke gem. Nr. 32, die zu ungenau angerissen wurden bzw. aufgrund der Abwicklungsmethode nicht genauer angerissen werden konnten und dann mit Vorschlaghammer und Schweißbrenner zusammengepfuscht werden mußten.

Lassen Sie uns bitte mit dazu beitragen, daß nicht nur Bauwerke und Brücken als architektonisch schön gewertet werden und daß nicht nur einige Dinge aus dem Maschinenbau auf der Hannover Messe mit dem Prädikat „gute Industrieform" ausgezeichnet werden. Auch eine exakt abgewickelte und gut gefertigte Abwicklung oder Durchdringung wird von allen Technikern in gewissem Sinne als „schön" empfunden.

Nr. 54

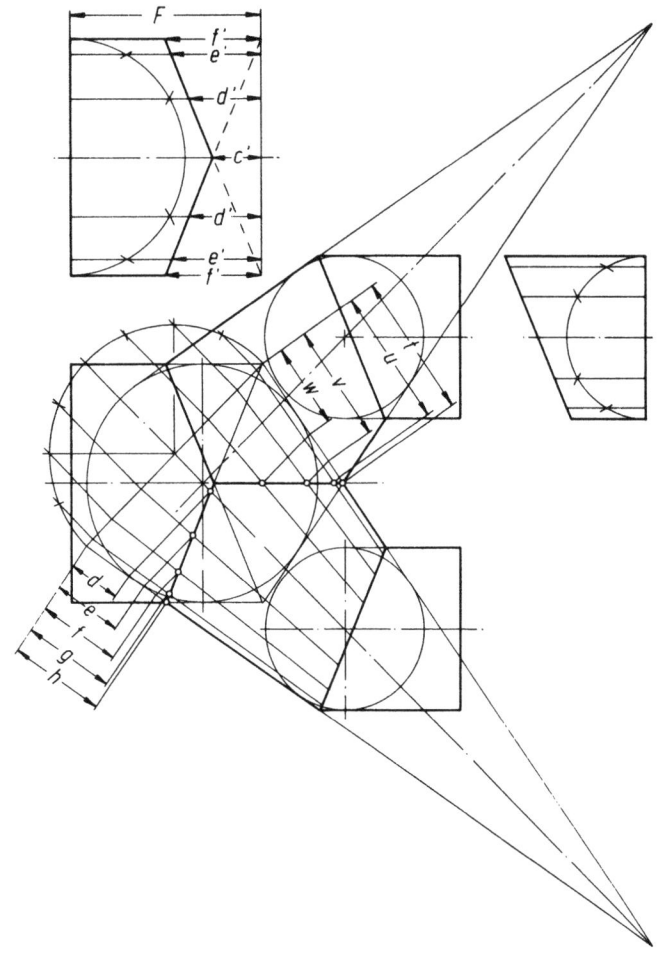

54. Hosenstück

(siehe Nr. 33)

Um die Abwicklung dieses Hosenstückes rechnerisch ermitteln zu können, müssen wir alle Maße und Winkel der vorhergehenden Nummer ausrechnen. Lediglich die Maße a, b, c sowie a' und b' benötigen wir nicht.

$$t = R + (L \cdot \cot\gamma) \frac{\sin\gamma}{\sin(90 - \gamma + \alpha)}$$

R aus Formel (5) Nr. 53

L aus Formel (11) Nr. 53

$$u = (R \cdot 0{,}9239) + (L \cdot \cot\gamma) \frac{\sin\gamma}{\sin(90 - \gamma + \delta)} \frac{\cos\delta}{\cos\alpha}$$

$$v = (R \cdot 0{,}7071) + (L \cdot \cot\gamma) \frac{\sin\gamma}{\sin(90 - \gamma + \varepsilon)} \frac{\cos\varepsilon}{\cos\alpha}$$

$$w = (R \cdot 0{,}3827) + (L \cdot \cot\gamma) \frac{\sin\gamma}{\sin(90 - \gamma + \eta)} \frac{\cos\eta}{\cos\alpha}$$

Nr. 55

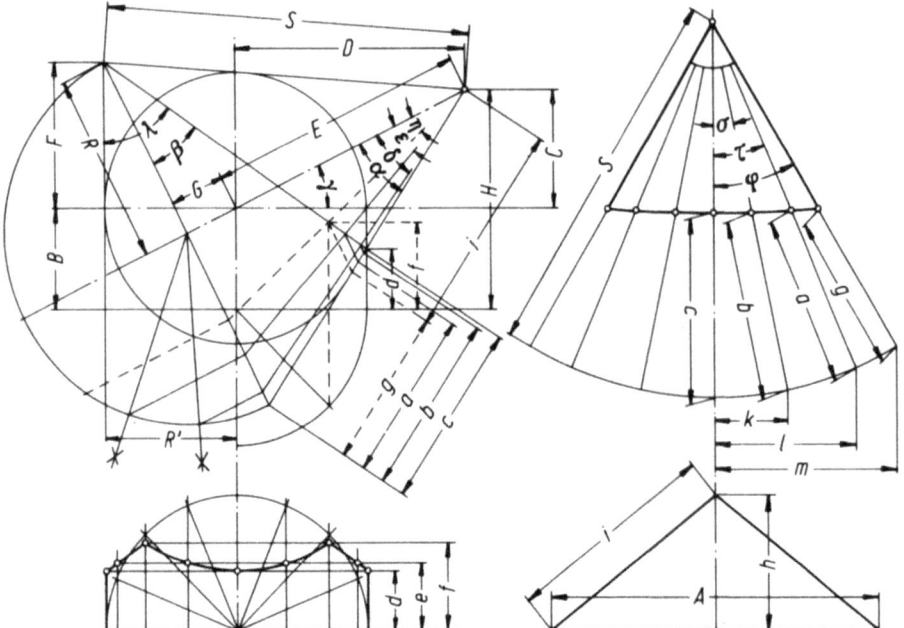

Nr. 55

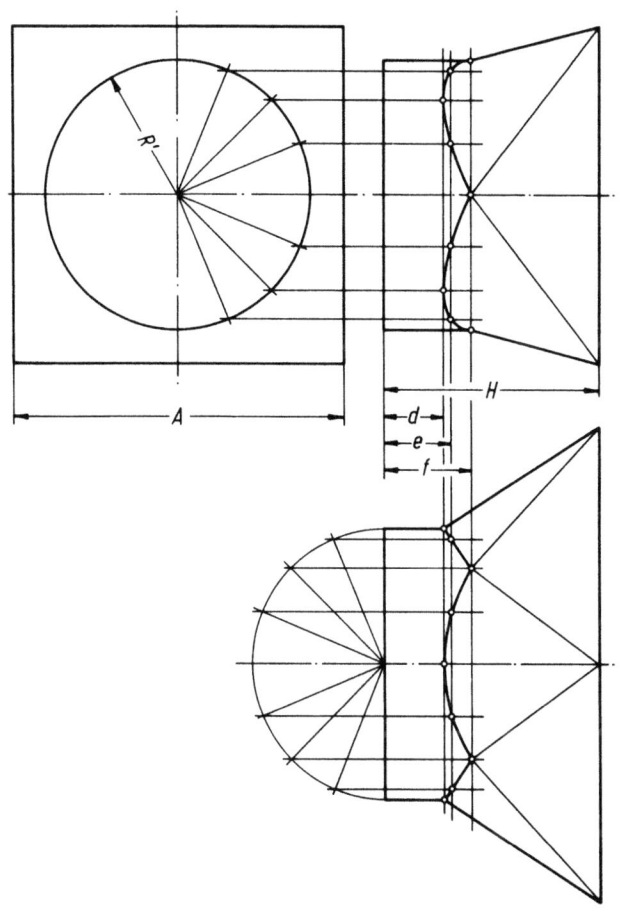

55. Übergangsstück von Rund auf Vierkant
(siehe Nr. 36)

Der rechnerischen Lösung dieser Aufgabe liegt folgendes zugrunde:

Der Aufriß erfolgt in der Diagonalen des Vierkantes. In die Spitze desselben legen wir die Spitze eines Kegels. Den Winkel α erhalten wir zeichnerisch, indem wir die Seitenlinien des Kegels an die Berührkugel tangieren lassen. Die Berührkugel liegt durch das Maß R' fest.

Die Maße A, H, B, C und R' werden konstruktiv festgelegt.

(1) $\quad D = 1{,}4142 \cdot \dfrac{A}{2}$

(2) $\quad E = \sqrt{C^2 + D^2}$

(3) $\quad \tan\gamma = \dfrac{C}{D}$

(4) $\quad \sin\alpha = \dfrac{R'}{E} \qquad \tan\alpha = \\ \phantom{(4)\quad\sin\alpha=\dfrac{R'}{E}\quad} \cos\alpha =$

(5) $\quad \cot\lambda = \dfrac{1}{2}\left(\tan\dfrac{90-\gamma+\alpha}{2} + \tan\dfrac{90-\gamma-\alpha}{2}\right)$

(6) $\quad \beta = \lambda - \gamma \qquad \sin\beta =$

(7) $\quad R = R' \cdot \dfrac{\sin\left(\dfrac{90-\gamma+\alpha}{2} + \gamma\right)}{\cos\left(\dfrac{90-\gamma+\alpha}{2}\right)}$

Der Ausdruck $\dfrac{90-\gamma+\alpha}{2}$ wurde bereits bei Formel (5) errechnet.

(8) $\quad F = R' \cdot \tan\dfrac{90-\gamma+\alpha}{2} \qquad\qquad$ siehe (5) vorn

(9) $\quad G = R \cdot \tan\dfrac{90-\gamma-\alpha}{2} \qquad\qquad$ siehe (5) hinten

(10) $\quad S = \dfrac{R}{\sin\alpha} \qquad\qquad\qquad\qquad\qquad$ sin α siehe (4)

(11) $\quad \tan\delta = 0{,}9239 \cdot \tan\alpha \qquad\qquad\quad$ tan α siehe (4)

(12) $\quad \tan\varepsilon = 0{,}7071 \cdot \tan\alpha \qquad\qquad\quad \cos\delta \\ \phantom{(12)\quad\tan\varepsilon=0{,}7071\cdot\tan\alpha\qquad\qquad\quad} \cos\varepsilon$

(13) $\quad a = R \dfrac{\sin\beta}{\cos\alpha} \dfrac{1{,}7071 \cdot \cos\varepsilon}{\cos(\beta-\varepsilon)}$

(14) $\quad b = R \dfrac{\sin\beta}{\cos\alpha} \dfrac{1{,}9239 \cdot \cos\delta}{\cos(\beta-\delta)}$

(15a) $\quad c = \dfrac{2 \cdot R \cdot \sin\beta}{\cos(\beta-\alpha)}$

(15b) $\quad c = \dfrac{2 \cdot R \cdot \sin\beta}{\cos(\alpha-\beta)}$

Bei der Abwicklung in diesem Buch muß mit Formel (15b) gerechnet werden, da der Winkel α größer ist als β. Ist jedoch die Abwicklung so konstruiert, daß β größer als α ist, so hat die Formel (15a) für das Maß c Gültigkeit.

(19) $\quad h = \sqrt{(H-f)^2 + \left(\dfrac{A}{2} - R'\right)^2}$

(20) $\quad i = \sqrt{\left(\dfrac{A}{2}\right)^2 + h^2}$

(21) $\quad g = S - i$

(22) $\quad \sigma = 22{,}5 \cdot \sin\alpha$

(23) $\quad \tau = 45 \cdot \sin\alpha$

(24) $\quad \varphi = y \cdot \sin\alpha$

Zur Lösung von Formel (24) benötigen wir den Winkel y. Denselben finden wir nach dem Ausrechnen der 3 folgenden Formeln:

$$\cot x = \dfrac{D - (0{,}7071 \cdot R)}{H - f}$$

Winkel x =

$\eta = x - \gamma \qquad\qquad\qquad \tan\eta =$

$$\cos y = \dfrac{(G + E) \cdot \tan\eta}{R}$$

Winkel y =

Der Zahlenwert y ist nicht in Grad und Minuten, sondern als Dezimalwert in Formel (24) einzusetzen.

(25) $\quad k = S \cdot \sin\sigma$

(26) $\quad l = S \cdot \sin\tau$

(27) $\quad m = S \cdot \sin\varphi$

Nr. 56

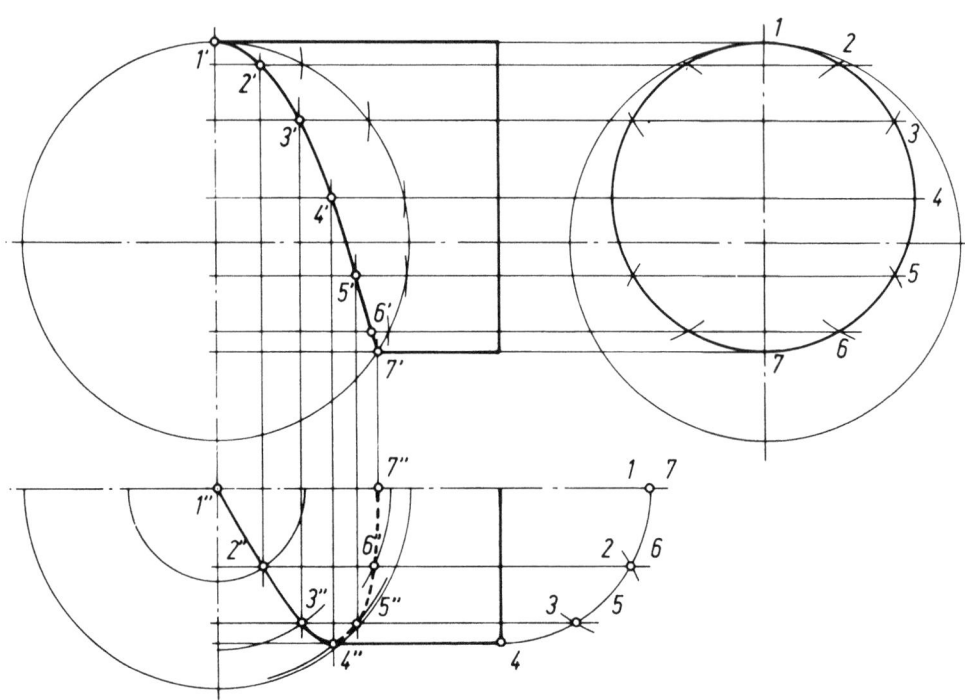

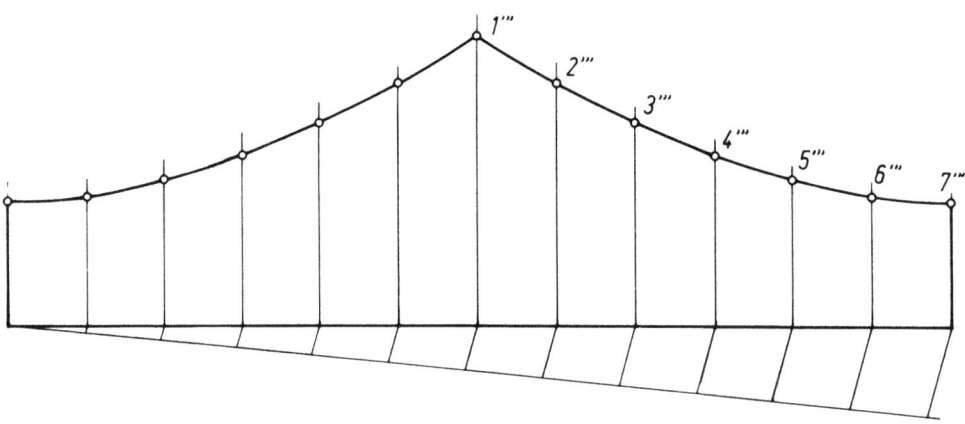

56. Kugelanschluß

Bei Kugelhähnen der Hüttenindustrie wird dieser Kugelanschluß aus V4A- oder Platin-Blech benötigt, wobei die Kugel mit ihren Auslaßkanälen aus massivem Metall und präzise überdreht ist. Der außermittig sitzende Kugelanschluß hat keine Durchdringungskante, sondern eine Berührkante, die je nach Blechdicke durch spanende Bearbeitung an die Kugel angepaßt werden muß. Hierfür ist eine kleine Bearbeitungszugabe erforderlich.

Wir zeichnen den Auf- und Seitenriß mit dem außermittig angeordneten Kugelanschluß, dessen Oberseite den obersten Punkt der Kugel trifft. Zum Ermitteln der Berührkante genügt der halbe Grundriß. Der Kugelanschluß wird in den drei Ansichten mit einer Zwölferteilung versehen.

Im Aufriß liegt Punkt $1'$ auf der Oberseite der Kugel im Schnittpunkt mit der senkrechten Kugel-Mittellinie. Punkt $1''$ im Grundriß liegt im Schnittpunkt der senkrechten und waagerechten Mittellinie. Punkt $7'$ ist der Schnittpunkt der Unterseite vom Kugelanschluß mit der Kugel. Punkt $7''$ ist das Lot bis zum Schnitt mit der waagerechten Mantellinie 7 im Grundriß. Im Aufriß wird auf der Mantellinie 2 die Entfernung von der senkrechten Mittellinie bis zur Kugel-Abschlußlinie in den Zirkel genommen und im Grundriß als Bogenstück gezeichnet, um im Schnittpunkt mit der Mantellinie 2 den Punkt $2''$ zu erhalten. Im Grundriß sind die Mantellinien 2 und 6 sowie 3 und 5 deckungsgleich. Den auf der Mantellinie 6 liegenden Punkt $6''$ erhalten wir mit der Zirkelöffnung des Kreisbogens, den wir im Aufriß auf der Mantellinie 6 von der senkrechten Mittellinie aus bis zur Kugel-Abschlußlinie abgreifen. Die Kreisbögen der Punkte $3''$ und $5''$ werden ebenfalls im Aufriß abgegriffen und zwar auf den Mantellinien 3 bzw. 5. Auf der Mantellinie 4 im Aufriß wird die Entfernung zwischen der senkrechten Kugelachse und der Kugel-Abschlußlinie abgegriffen und im Grundriß als Bogenstück mit der Außenseite des Kugelanschlusses zum Schnitt gebracht, so daß Punkt $4''$ festgelegt ist.

In den so gefundenen Punkten $1''$ bis $7''$ werden Senkrechte errichtet und mit den dazugehörenden Mantellinien vom Kugelanschluß zum Schnitt gebracht. Hierdurch werden die Punkte $1'$ bis $7'$ festgelegt, die mit einem Kurvenzug verbunden werden.

Für die Abwicklung vom Kugelanschluß errechnen wir seinen Umfang und teilen ihn geometrisch in zwölf gleiche Teile. Auf den Mantellinien tragen wir von der Grundlinie aus die Entfernungen ab, die wir im Aufriß zwischen der Abschlußkante vom Kugelanschluß und den Punkten $1'$ bis $7'$ mit dem Steckzirkel abgreifen. Die hierdurch entstehenden Punkte $1'''$ bis $7'''$ werden durch je einen Kurvenzug verbunden.

Erklärung. Die Punkte $1'$ bis $7'$ müssen sowohl auf der Oberfläche der Kugel als auch auf der Oberfläche vom Kugelanschluß liegen. Darüber hinaus müssen sich die Punkte $1'$ bis $7'$ der beiden Durchdringungskörper zu je einem gemeinsamen Punkt vereinen. Wir denken uns im Aufriß die Kugel mehrfach waagerecht geschnitten und zwar in Höhe der jeweiligen Mantellinien der Zwölferteilung vom Kugelanschluß. Die im Grundriß eingezeichneten Bogenstücke stellen die kreisförmigen waagerechten Schnitte der Kugel aus dem Aufriß dar. Dort, wo sich im Grundriß die Mantellinie 2 mit dem Kreisabschnitt 2 schneidet, liegt Punkt $2''$. Punkt $6''$ im Grundriß muß irgendwo auf der Mantellinie 6 liegen, weil der Kreisabschnitt 6 im Aufriß auch in Höhe der Mantellinie 6 liegt. Dieses „Irgendwo" kann im Grundriß nur der Schnittpunkt zwischen dieser Mantellinie und dem Kreisabschnitt sein.

Die so nach und nach ermittelten Punkte $1''$ bis $7''$ projizieren wir in den Aufriß und bringen sie zum Schnitt mit den dazu gehörenden Mantellinien vom Kugelanschluß. Hierdurch entstehen die Punkte $1'$ bis $7'$, die mit einem Kurvenzug verbunden werden, der die Berührkante festlegt, die je nach Blechdicke an die Kugel angepaßt werden muß. Gleichzeitig wurden hierdurch die Längen der Mantellinien für die Abwicklung festgelegt.

Nr.57

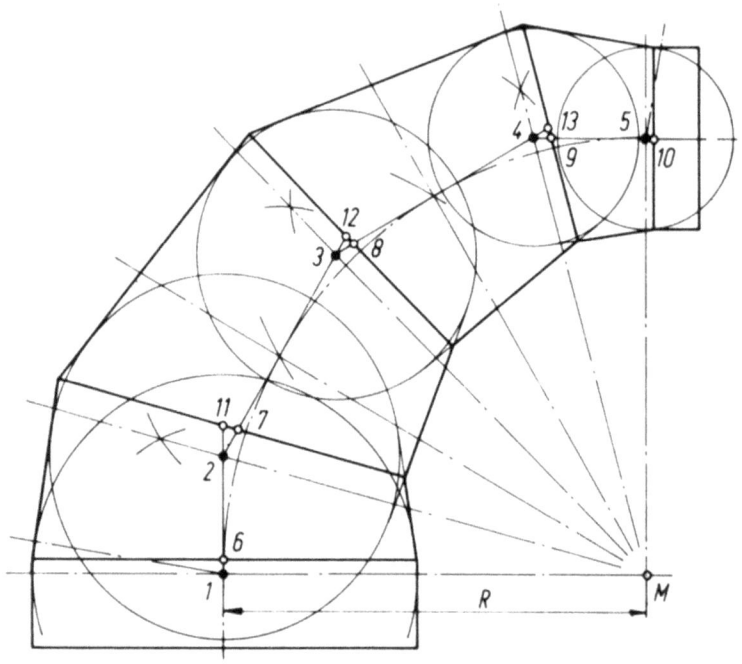

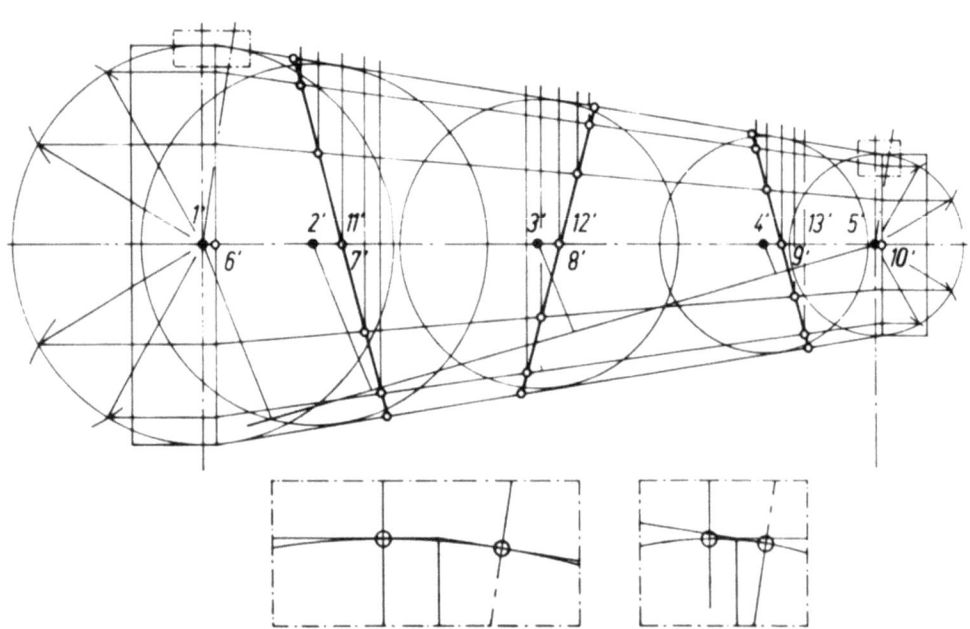

57. Konischer Rohrkrümmer 90°

Beim Rohrkrümmer Nr. 19 treffen sich die nach innen verlängerten Durchdringungskanten in Punkt M. Beim vorliegenden konischen Krümmer liegen die Durchdringungskanten etwas neben den vom Mittelpunkt M ausgehenden Strahlen und zwar parallel hierzu. Gefertigt wird dieser Krümmer aus einem Konus, der als Ganzes gewalzt und anschließend in Segmente geteilt wird. Der Krümmer entsteht dadurch, daß ein außen- und ein innenliegendes Segment 180° um seine Achse gedreht wird.

Wir beginnen den Aufriß mit der Dreiteilung des Viertelkreises und zeichnen in den entstehenden beiden Schnittpunkten Tangenten an den Viertelkreis, die wir gegenseitig sowie mit den Rohr-Mittellinien zum Schnitt bringen. Die so entstehenden Schnittpunkte 2, 3 und 4 liegen auch auf den Winkelhalbierenden der Dreiteilung, die ihrerseits dem Krümmer eine 15°- bzw. eine 6fache Teilung geben. Um die Punkte 1 bis 5 schlagen wir die Kreise der Berührkugeln, die sich nach den Durchmessern der Rohre richten, die der Krümmer verbinden soll. Die Differenz D−d muß noch durch 6 geteilt werden, weil der Krümmer eine 6fache Teilung hat. Wenn wir dieses Ergebnis a nennen, errechnen sich die Durchmesser der Berührkugeln wie folgt:

$$\text{Punkt } 5 = d$$
$$\text{Punkt } 4 = d + a$$
$$\text{Punkt } 3 = d + 3a$$
$$\text{Punkt } 2 = d + 5a$$
$$\text{Punkt } 1 = D$$

An alle Berührkugeln im Aufriß zeichnen wir innen und außen Tangenten, die wir miteinander zum Schnitt bringen. Diese Schnittpunkte werden miteinander verbunden und sind die Durchdringungskanten der Segmente, auf denen die Punkte 7 bis 9 sowie 11 bis 13 liegen.

Zwischendurch beginnen wir mit dem Konus des gestreckten Krümmers, aufbauend auf der Entfernung von Punkt 1 bis Punkt 5, die wir uns errechnen. Die Länge ist:

$$L = 6 \cdot R \cdot \operatorname{tg} 15° = 6 \cdot R \cdot 0,2679$$

und wird geometrisch in 6 Teile geteilt, um die Punkte 2, 3 und 4 zu erhalten, so daß um die Punkte 1 bis 5 die Berührkugeln gezeichnet werden können. Vergrößert dargestellt sind in den Fenstern (Windows) rechts die Berührpunkte zwischen dem Konus und den Berührkugeln und links die Berührpunkte zwischen den Rohren und den Berührkugeln. Die von den Punkten 1 und 5 ausgehenden Linien stehen senkrecht auf der Außenseite vom Konus. Die Entfernungen 1 bis 6 und 5 bis 10 werden jetzt in den Aufriß übertragen, um auch die Durchdringungskanten zwischen dem Konus und den Rohren einzeichnen zu können. Im Aufriß werden die Entfernungen 2 bis 11, 3 bis 12 und 4 bis 13 abgegriffen und auf der Mittellinie vom Konus zum kleinen Rohr hin abgetragen, um die Durchdringungskanten unter 15° nach links oder rechts einzeichnen zu können.

Die wahren Längen der Mantellinien der einzelnen Segmente werden an der Seite vom gestreckten Konus abgegriffen und auf den gewalzten, mit Längsnaht versehenen Konus übertragen. Die Durchdringungskanten werden entlang dieser Schnittpunkte deutlich angerissen, bevor der Konus in Segmente geteilt wird und anschließend zum Krümmer zusammengebaut wird.

Zusammenfassung. Nach dem Aufreißen des Krümmers wird die Ansicht des gestreckten Krümmers als Konus gezeichnet und mit einer Zwölferteilung versehen. Die Abwicklung wird mit ihren äußeren Maßen gemäß dem schwach kegeligen Schuß Nr. 52 errechnet und gewalzt. Auf den Mantellinien werden die wahren Längen der Segmente angerissen und entsprechend getrennt. Durch Verdrehen von zwei Segmenten entsteht der konische Krümmer.

Nr. 58

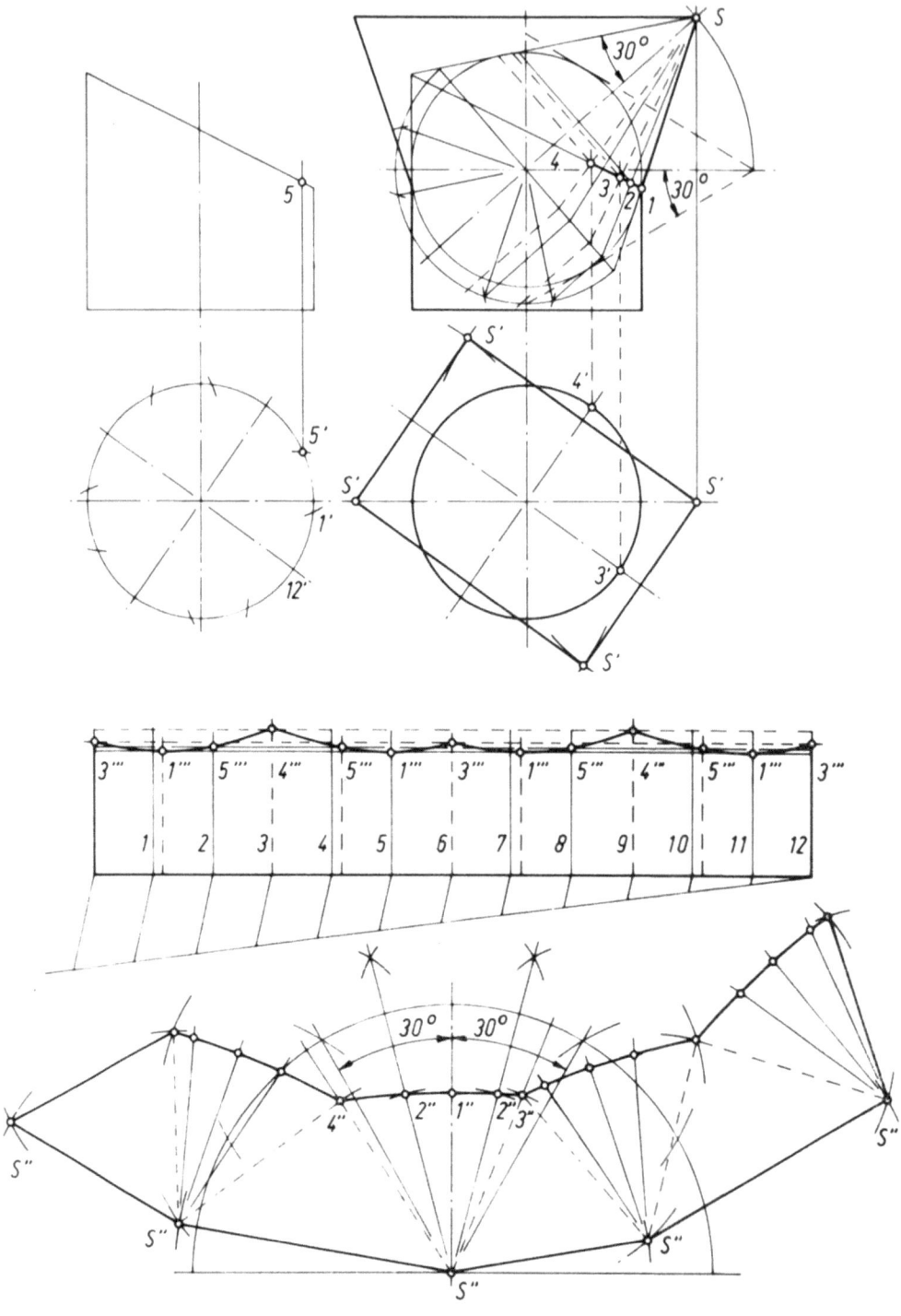

58. Übergangsstück von Rund auf Rechteck

Dieses Übergangsstück wird bei allen Gebläsen auf der Abluftseite benötigt und stellt somit eine wichtige Abwicklung für die Serienfertigung dar. Vorliegendes Übergangsstück ist die Durchdringung von vier Kegeln mit einem Rohr und hat das Übergangsstück von Rund auf Vierkant der Nr. 36 auf Seite 79 zur Grundlage.

Die vom Gebläse abgehende Rohrleitung bestimmt den Durchmesser der Berührkugel. Die Bemaßung des Rechteckes wird vom Gebläse bestimmt. Der Kegelwinkel wird der Genauigkeit wegen mit 30° gewählt, weil dies in der Abwicklung 180° bzw. die Fläche eines Halbkreises ergibt. Hiervon benötigen wir ca. den dritten Teil. Die Kegelseiten müssen die Berührkugel tangieren. Kegel und Rohr erhalten die Zwölferteilung.

Die obere Kegelseite verlängern wir bis zum Schnitt mit der linken Rohr-Außenseite. Diesen Schnittpunkt verbinden wir mit Punkt 1 und erhalten so die Durchdringungskante zwischen Kegel und Rohr (siehe Nr. 31 Seite 69 und Nr. 53 Seite 116). Punkt 2 liegt im Schnittpunkt dieser Durchdringungskante mit der unteren Kegel-Mantellinie. Die Punkte 3 und 4 werden ermittelt, indem in den Punkten 3' und 4' je eine Senkrechte errichtet wird. Um die wahren Längen der Kegel-Mantellinien zu erhalten denken wir uns den schräg liegenden Kegel um seine Achse gedreht, bis die Punkte 2, 3 und 4 an die obere Kegelseite gelangen.

Die Abwicklung des Übergangsstückes beginnen wir mit einem Kreisbogen von 180° und der Zirkelöffnung der Kegelseite. Der Kreisbogen wird zunächst in 6 und anschließend in 12 Teile von je 15° geteilt. Im mittleren Drittel des Halbkreises werden die Kegel-Mantellinien eingezeichnet. Durch die Punkte 3 und 4 des Aufrisses zeichnen wir von S aus (gestrichelte) Kegel-Mantellinien bis zur Grundlinie des Kegels und von dort weiter (parallel zur Kegelachse) bis zum Kegel-Grundkreis. Das kleinere und größere Bogenstück bis zur oberen Kegel-Mantellinie übertragen wir in die Abwicklung auf den 180° Kreisbogen und zwar von den auf 30° liegenden oberen Kegel-Mantellinien aus nach Innen bzw. Außen. Von hier werden 2 Gerade nach S" gezeichnet. Auf dieselben kommen die Punkte 3" und 4" zu liegen. Wir greifen nun die wahren Längen der Kegel-Mantellinien im Aufriß ab und übertragen sie entsprechend der Zeichnung in die Abwicklung, so daß die Punkte 4", 2", 1", 2" und 3" festgelegt werden, die mit einem Kurvenzug zu verbinden sind. Somit liegt die erste Kegel-Mantelfläche fest. Rechts und links daneben ordnen wir die entsprechenden Dreiecke an. Daran anschließend kommen zwei Kegel-Mantelflächen spiegelbildlich zu liegen, so daß hieran wiederum die entsprechenden Dreicke gezeichnet werden können. Die letzte Kegel-Mantelfläche (rechts) liegt wieder wie die erste.

Punkt 1' im Grundriß liegt etwas neben der waagerechten Mittellinie. Diese kleine bogenförmige Entfernung übertragen wir in die Rohr-Abwicklung und zeichnen rechts neben den entsprechenden Mantellinien diese vier gestrichelten Linien ein. Die Strecken zwischen den Punkten 3, 1, 5 und 4 bis zur Unterkante des Rohres übertragen wir in die Rohr-Abwicklung.

Die Punkte 1", 3" und 4" vereinigen sich mit den Punkten 1''', 3''' und 4''' beim fertigen Übergangsstück zu je einem gemeinsamen Punkt. Die Punkte 2" und 5''' können sich nicht in einem gemeinsamen Punkt treffen, liegen aber beide dicht nebeneinander genau auf der Durchdringungskante von Kegel und Rohr.

Raumwinkel-Berechnungen

Im Großfeuerraum-Dampfkesselbau entstehen Raumwinkel bei den Steig- und Fallrohren im Bereich der Öffnungen für Kohlenstaub-Öl- und Gasbrenner sowie beim Brennkammer-Aschetrichter.

Im Rohrleitungsbau muß ebenfalls mit Raumwinkeln gearbeitet werden, wenn Leitungen sonst mit anderen Leitungen oder Anlageteilen kollidieren (zusammenstoßen, sich überschneiden, sich kreuzen) würden.

Auch in der Praxis werden Raumwinkel oft dann benötigt, wenn vorhandene Anlagen umgebaut und Rohrleitungen in anderer Anordnung miteinander verbunden werden müssen. Vielfach wird hierbei vom Monteur erwartet, daß er unter schwierigen Bedingungen, oft in großer Höhe, einen Raumwinkel in mühevoller Arbeit anpaßt. Besser und kostengünstiger wäre es, den Raumwinkel an Hand der nachfolgenden Formeln zu berechnen, um ihn in der Werkstatt exakt herstellen und dann montieren zu können.

Wenn Leitungen mit natürlichem Gefälle an den Wänden eines Raumes verlegt werden sollen, bietet sich ein Raumwinkel an, anstatt die Leitungen in der Gebäude-Ecke durch zwei stumpfwinkelige Rohrkrümmer und einem kurzen senkrechten Rohrstück miteinander zu verbinden. Die zwei Rohrkrümmer sind in diesem Falle etwas größer als 90° und doppelt so teuer als ein Raumwinkel, der ebenfalls etwas größer als 90° werden muß. Der Abfluß der Flüssigkeit ist bei Verwendung eines Raumwinkels strömungstechnisch weitaus besser als beim Einbau eines kurzen Fallrohres.

Die Raumwinkel können ähnlich den Rohrkrümmern Nr. 19 und Nr. 49 angefertigt werden. Bei Raumwinkeln mit Flanschen werden die Löcher erst bei Montage angerissen und gebohrt.

Zum besseren Verständnis wurden auf den nachfolgenden Seiten die Rohrleitungen mit den Raumwinkeln in einen Würfel eingezeichnet und perspektivisch dargestellt.

Weiterhin wurde der Rohrleitungsverlauf jeweils im Auf-, Seiten- und Grundriß gezeichnet. Das in seiner wahren Länge sichtbare und unter seinem wahren Winkel liegende Rohrleitungsstück ist als Vollinie, alle nicht in der Zeichenebene liegenden Rohrleitungsstücke sind als Strichlinie gezeichnet. Der Raumwinkel liegt immer in Punkt B und erscheint in den 3 Ansichten nie mit seinem wahren Winkel.

Den Formeln der Raumwinkel wurden die mathematischen Ableitungen vorangestellt, damit wir alle die Ergebnisse nachvollziehen können.

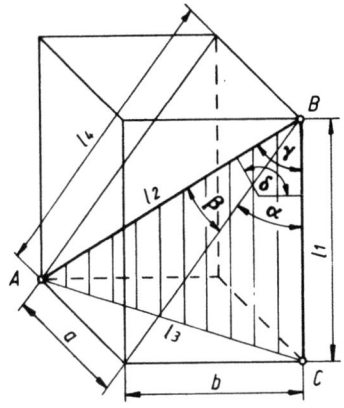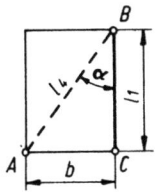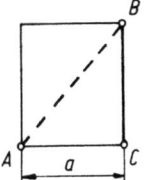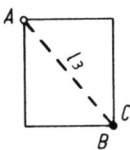

Gegeben: a, b, l_1

$\cos \gamma = \dfrac{l_1}{l_2}$

$= \dfrac{l_1}{\sqrt{l_1^2 + l_3^2}}$

$$\boxed{\cos \gamma = \dfrac{l_1}{\sqrt{l_1{}^2 + a^2 + b^2}}}$$

$\boxed{\delta = 180° - \gamma}$

$\cos \alpha = \dfrac{l_1}{l_4} \; ; \; \cos \beta = \dfrac{l_4}{l_2}$

$\cos \alpha \cdot \cos \beta = \dfrac{l_1}{l_4} \cdot \dfrac{l_4}{l_2}$

$= \dfrac{l_1}{l_2}$

$= \dfrac{l_1}{\sqrt{l_1 + a^2 + b^2}}$

$\boxed{\cos \gamma = \cos \alpha \cdot \cos \beta}$

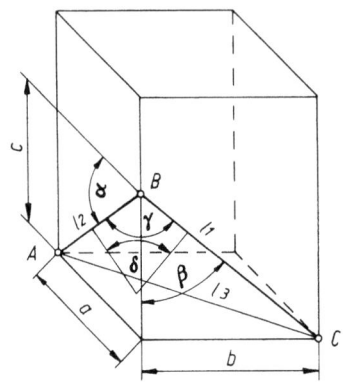 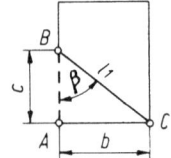 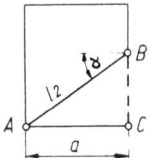 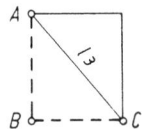

2. Cosinussatz   Gegeben: a, b, c

$$\cos \gamma = \frac{l_1^2 + l_2^2 - l_3^2}{2 \cdot l_1 \cdot l_2}$$

$$= \frac{(b^2 + c^2 + a^2 + c^2) - (a^2 + b^2)}{2 \cdot l_1 \cdot l_2}$$

$$= \frac{2 \cdot c^2}{2 \cdot l_1 \cdot l_2} = \frac{c^2}{l_1 \cdot l_2} = \frac{c}{l_1} \cdot \frac{c}{l_2} = \cos \beta \cdot \sin \alpha$$

$$\boxed{\cos \gamma = \frac{c^2}{\sqrt{b^2 + c^2} \cdot \sqrt{a^2 + c^2}}} \qquad \boxed{\cos \gamma = \sin \alpha \cdot \cos \beta}$$

$$\boxed{\delta = 180° - \gamma}$$

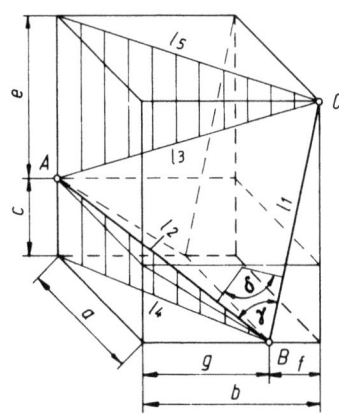
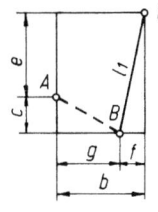
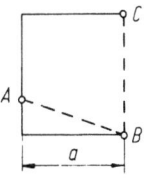

2. Cosinussatz   Gegeben: a, b, c, e, f, g

$$\cos\gamma = \frac{l_1^2 + l_2^2 - l_3^2}{2 \cdot l_1 \cdot l_2}$$

$$= \frac{[(c+e)^2 + f^2 + (a^2 + g^2 + c^2)] - [a^2 + (g+f)^2 + e^2]}{2 \cdot l_1 \cdot l_2}$$

$$= \frac{(c^2 + 2ce + e^2 + f^2 + a^2 + g^2 + c^2) - (a^2 + g^2 + 2gf + f^2 + e^2)}{2 \cdot l_1 \cdot l_2}$$

$$= \frac{(2ce + 2c^2) - (2gf)}{2 \cdot l_1 \cdot l_2}$$

$$= \frac{(ce + c^2) - (gf)}{l_1 \cdot l_2}$$

$$\boxed{\cos\gamma = \frac{(ce + c^2) - (gf)}{\sqrt{(c+e)^2 + f^2} \cdot \sqrt{a^2 + g^2 + c^2}}} \qquad \boxed{\delta = 180° - \gamma}$$

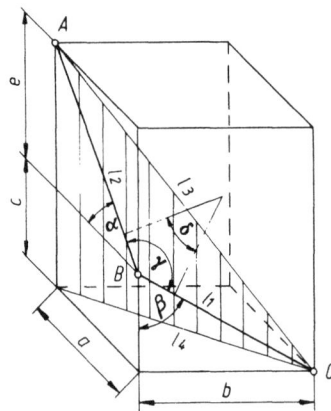
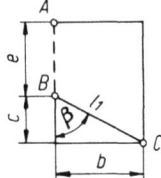
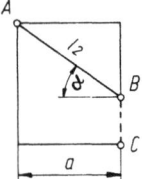
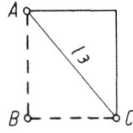

2. Cosinussatz Gegeben: a, b, c, e

$$\cos\gamma = \frac{l_1^2 + l_2^2 - l_3^2}{2 \cdot l_1 \cdot l_2}$$

$$= \frac{[(b^2 + c^2) + (a^2 + e^2)] - [(c+e)^2 + a^2 + b^2]}{2 \cdot l_1 \cdot l_2}$$

$$= \frac{(c^2 + e^2) - (c+e)^2}{2 \cdot l_1 \cdot l_2}$$

$$= \frac{(c^2 + e^2) - (c^2 + 2ce + e^2)}{2 \cdot l_1 \cdot l_2} = -\left(\frac{e}{l_2} \cdot \frac{c}{l_1}\right)$$

$$\boxed{\cos\gamma = -\left(\frac{e}{\sqrt{a^2 + e^2}} \cdot \frac{c}{\sqrt{b^2 + c^2}}\right)} \qquad \boxed{\cos\gamma = -(\sin\alpha \cdot \cos\beta)}$$

$$\boxed{\delta = 180° - \gamma}$$

Das sind die Ergebnisse beim Taschenrechner.

Durch das Vorzeichen [−] der trigonometrischen Funktion in den vier Quadranten ergeben sich die Winkel in der cos-Tabelle wie folgt:

$$\boxed{\gamma = 180° - \gamma} \qquad \boxed{\delta = \gamma}$$

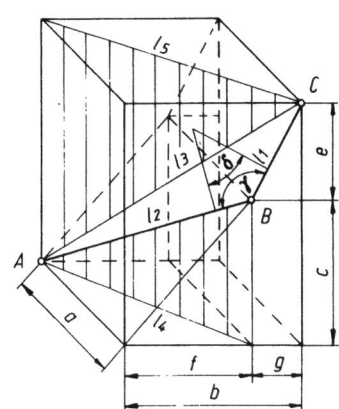
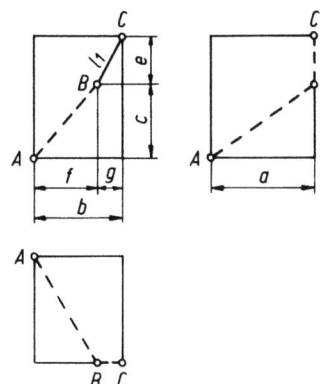

2. Cosinussatz Gegeben: a, b, c, e, f, g

$$\cos \gamma = \frac{l_1^2 + l_2^2 - l_3^2}{2 \cdot l_1 \cdot l_2}$$

$$= \frac{[(e^2 + g^2) + (c^2 + a^2 + f^2)] - [(c + e)^2 + a^2 + (f + g)^2]}{2 \cdot l_1 \cdot l_2}$$

$$= \frac{[e^2 + g^2 + c^2 + f^2] - [(c^2 + 2ce + e^2) + (f^2 + 2fg + g^2)]}{2 \cdot l_1 \cdot l_2}$$

$$= \frac{-(2ce + 2fg)}{2 \cdot l_1 \cdot l_2} = -\left(\frac{ce + fg}{l_1 \cdot l_2}\right)$$

$$\boxed{\cos \gamma = -\frac{ce + fg}{\sqrt{e^2 + g^2} \cdot \sqrt{c^2 + a^2 + f^2}}} \qquad \boxed{\delta = 180° - \gamma}$$

Das sind die Ergebnisse beim Taschenrechner.

Durch das Vorzeichen [−] der trigonometrischen Funktion in den vier Quadranten ergeben sich die Winkel in der cos-Tabelle wie folgt:

$$\boxed{\gamma = 180° - \gamma} \qquad \boxed{\delta = \gamma}$$

CAD-Abwicklungen und Durchdringungen

Das rechnergestützte Konstruieren bekommt mit CAD (Computer Aided Design) eine immer stärker werdende Anwendung in der Konstruktion. So bietet es sich an, auch Abwicklungen und Durchdringungen mit CAD-Anlagen zu zeichnen und der Fertigung die NC-Lochstreifen zu stanzen oder die für die numerische Steuerung erforderlichen Daten zu überspielen. Die Frage, ob ein CAD-System 2- oder 3-dimensional sein muß, hängt von der Aufgabenstellung ab und wird über die DV-Planungsstelle mit Blick auf Fertigung (Manufacturing), Arbeitsplanung, Qualitätssicherung usw. der Kosten wegen letztlich von der Geschäftsleitung entschieden. Hierzu sei gesagt, daß die Arbeitsweise des Konstrukteurs im Maschinen- und Rohrleitungsbau, die abgewickelte Zeichnung, die Kunststoff- und Blechtafeln sowie die Bewegungen der NC-Blechbearbeitungs- und Laserschneidmaschinen 2-dimensional sind. Dies bedeutet, daß für Abwicklungen und Durchdringungen ein 2 D-System genügt.

Wenn in der Rohrleitungs-Konstruktion isometrische Zeichnungen, Rohrleitungs- und Instrumenten-Fließbilder, Behälter-Anordnungen, Verrohrungen und Kollisionsprüfungen notwendig sind, bietet sich allerdings der Kauf eines 3 D-Systems an. Bei der Ermittlung der Wirtschaftlichkeit sollten dann die Vorteile des volumenorientierten 3 D-Systems beim generieren (erzeugen, hervorbringen) der geometrischen Durchdringungskörper besonders berücksichtigt werden.

Alle Abwicklungen und Durchdringungen des Buches und besonders auch die rechnerischen Ermittlungen der Abwicklungen eignen sich bestens als Grundlage für CAD-Abwicklungen. Wir sollten auf dem Grafik-Bildschirm nur exakte geometrische Körper generieren und keine schiefen Kegel wie z.B. in Nr. 21 oder 32. Die Arbeitsgänge werden entsprechend den bei allen Abwicklungen gegebenen Erläuterungen interaktiv im Dialogbetrieb abgearbeitet. Hierbei kommen alle Möglichkeiten der Geometrie-Erzeugung vom Menütablett einschließlich der Identifizierung durch den Fangkreis zum Tragen. Bei Nr. 36 können die Kegel- und Dreieck-Flächenelemente sehr schnell vervierfacht und durch Translation (geradförmige Bewegung in alle Richtungen) und Rotation (Drehung) am Bildschirm in die für die Abwicklung benötigte Lage gebracht werden. Bei Nr. 58 wird ein weiterer Geschwindigkeitsgewinn dadurch erreicht, daß zwei Kegel-Mantelflächen um eine äußere Kegel-Mantellinie gespiegelt werden. Bei Nr. 57 kann die Fensterfunktion (Window) für eine Ausschnitt-Vergrößerung vorteilhaft eingesetzt werden. Nr. 12 bietet sich an für eine Schachtelung aller Teile auf dem Bildschirm, um möglichst viele Teile auf eine Kunststoff- oder Blechtafel zu bekommen. Diese Verschnittminimierung ist besonders für die Serienfertigung von großer Wichtigkeit, wobei die gleichzeitige Optimierung von mehreren verschiedenen, im System gespeicherten, Abwicklungen zu weiteren Werkstoff-Einsparungen führt.

Alle Abwicklungen können vom Plotter (automatische Zeichenmaschine) als Zeichnung und/oder als NC-Lochstreifen ausgegeben werden. Bereits im Planungsstadium von CAD sollte die Integration der Fertigung angestrebt werden, d.h. die Vervollständigung durch CAD-Steuerung der NC-Blechbearbeitungs- und NC-Brennschneidmaschinen sowie der NC-Laserschneidmaschinen für Stahl- und Kunststoffteile sollte vorrangig vor einem 3 D-System entschieden werden.

Metalle, Eigenschaften und Recycling

Neben Stahl- werden auch Aluminium-, Blei-, Kupfer- und Platin-Bleche zur Anfertigung von Abwicklungen und Durchdringungen verwendet. Die Legierungen dieser Metalle werden durch Zusammenschmelzen mit anderen Metallen und Halbmetallen nach gewünschten physikalischen, mechanischen und chemischen Eigenschaften gegenüber dem Grundmetall verbessert. Vor allem besteht Interesse an Legierungen mit genügender Festigkeit bei hohen oder unter 0 °C liegenden Temperaturen bei gleichzeitig hoher chemischer Beständigkeit.

Die Eigenschaftswerte der Legierungen werden von den Lieferanten wie folgt angegeben: Physikalische Eigenschaften; Dichte, Schmelzpunkt, Wärme- und elektrische Leitfähigkeit, Wärmeausdehnungs-Koeffizient und Elastizitätsmodul. Mechanische Eigenschaften; Zugfestigkeit, Zeitdehngrenze, Bruchdehnung und Härte. Verbindungsverfahren werden je nach Legierung vorgeschlagen, wie z.B. Weich- und Hartlöten, Gas- und Elektroschweißen sowie MIG-Schweißen (Metall-Inert-Gas) und WIG-Schweißen (Wolfram-Inert-Gas).

Alle Metalle bilden nach dem Schmelzen in kurzer Zeit an der Luft eine sehr dünne Oxidhaut, die das Metall vor weiteren Angriffen durch Sauerstoff und Wasser schützt. Bei der Einwirkung von Chemikalien entstehen an der Metalloberfläche Reaktionsprodukte wie Chloride, Carbonate oder Metallsalze, die durch bewegen des Mediums abgespült werden. Somit wird die Metalloberfläche erneut freigelegt und weiter angegriffen. Dieser sich kontinuierlich wiederholende Vorgang wird in den Listen der chemischen Beständigkeit der Metalle des öfteren in Millimeter pro Jahr (mm/a) angegeben.

Recycling. Das Sammeln von Schrott und Wiedereinschmelzen zu neuen „Halbzeugen" ist so alt wie die Metalle selbst, da dies schon immer viel einfacher und energiesparender war als die Metallgewinnung aus Erz. Neu ist nur das englische Wort. Blei und Zinn wurden schon vor Jahrhunderten zum Teil von Nichtfachleuten zu Spielzeug gegossen und nach ihrer Beschädigung recycelt, d.h. eingeschmolzen und neu gegossen. Die Recycling-Quoten, als Anteil des eingeschmolzenen Metallschrottes am Gesamtverbrauch, gab der Verein deutscher Metallhändler für das Jahr 1993 wie folgt bekannt: Aluminium 35%, Kupfer 40% und Blei 54%. Die Energie-Einsparungen beim Schmelzen der Schrotte betragen bei Kupfer 80 bis 95% und bei Aluminium 95% gegenüber der Gewinnung aus Erzen. Aus alten Akkumulatoren werden Blei, Kästen aus Polypropylen (PP) und Schwefelsäure zu je 100% zurückgewonnen. Wir müssen uns am Sammeln der Abfallbleche aus Kostengründen beteiligen, zumal bei Abwicklungen und Durchdringungen konstruktiv bedingt besonders viel Metall abfällt. Die Anlieferungsmenge bei Umschmelzhütten und Metallwerken sollte mindestens 1000 kg wiegen. Für Bleischrott z.B. können wir 70 bis 85% des notierten Börsenkurses erlösen.

„Ofenrecht" bezeichnet der Metallhandel alle Blechabfälle von maximal 100 × 50 × 4 cm. Neuer Blechschrott einer bestimmten Aluminiumlegierung wird „Amsel" genannt. „Atoll": Einheitliche Alu-Späne einer spezifischen Legierung. „Atlas": Gemischte Alu-Späne. „Paket": Weichblei. „Palme": Hartblei. „Kerze": Neuer, nicht legierter Kupferblechschrott von 0,5–1,0 mm Dicke und „Keule": wenn Kupfer dicker als 1 mm ist.

Symbol	Werkstoff	Dichte g/cm³	Schmelz- punkt °C	Lineare Wärmeausdehnung in mm/m	von bis °C
St	Nr. 2.4605	8,60	1500	1,25	20–300
Al	Aluminium	2,70	658	2,38	20–100
Pb	Blei	11,34	327	2,91	20–100
Cu	Kupfer	8,93	1083	1,70	0–100
Pt	Platin	21,45	1772	0,91	20–100
PVC	—	1,40	—	7,00	20– 60

Aluminium (Al)

Aluminium, kurz Alu genannt, ist ein junges Leichtmetall. An seiner Gewinnung und der Entwicklung von Herstellungsverfahren haben viele internationale Forscher mitgewirkt. Dies geschah etwa zwischen den Jahren 1825 und 1900. In der Erdrinde ist kein metallisches Alu vorhanden. Der Ausgangsstoff für Alu ist Bauxit mit über 50% Tonerdegehalt, woraus in einem mehrstufigen Verfahren die Alu-Sauerstoff-Verbindung Aluminiumoxyd (Al_2O_3) gewonnen wird. Die Reduktion dieser Tonerde erfolgt in der Schmelzfluß-Elektrolyse, wobei Alu und Sauerstoff durch Gleichstrom getrennt werden.

Alu ist duktil (dehnbar) und bildet eine Oxydhaut, die das darunter liegende Metall vor weiterem Angriff schützt. Daher ist Alu beständig gegenüber vielen chemischen Stoffen, Flüssigkeiten sowie Gasen und ist hygienisch unbedenklich. In der chemischen und Nahrungsmittelindustrie soll Alu mit 99,5% Reinheit und einem Cu-Gehalt unter 0,02% verwendet werden. Es gibt seewasser- und seeluftbeständige Alu-Legierungen und solche mit hohen Festigkeiten, die als Konstruktions-Werkstoff einzusetzen sind. Bei fallender Temperatur unter 0,0 °C ist bei Alu und seinen Legierungen mit einem Ansteigen der Festigkeitseigenschaften zu rechnen. Die höchstzulässige Dauertemperatur beträgt 180 bis 200 °C. Wegen elektrochemischer Elementbildung, die Alu zerstört, darf es nicht ohne Isolierung mit Stahl, Kupfer, Nickel, Beton, Mörtel und Zement zusammengebaut werden.

Eine der ältesten und heute noch voll funktionsfähigen Dacheindeckungen mit Aluminium befindet sich auf der Kuppel der Kirche San Giocchino in Rom und stammt aus dem Jahre 1897. Im Bauwesen lag 1994 der Alu-Anteil für Dächer, Wände, Rinnen und Fallrohre bei 20% neben 80% für Fenster, Türen und Beschläge.

Alu-Bleche werden in mehreren schweißbaren Knetlegierungen hergestellt. Die Formate sind max. 1250 × 2500 mm bei 6 bis 20 mm Dicke. Alu-Bänder unter 5 mm Dicke werden zu Bunden aufgerollt oder als Bleche 1000 × 2000 mm verkauft. Bänder und profilierte Bleche für Dach und Wand sind 15 m lang. Rohre aus schweißbaren Knetlegierungen werden bis 250 mm Außendurchmesser mit angepaßten Wanddicken nahtlos gezogen.

Alle Verfahren zur Bearbeitung von Stahl-Blech (außer Brennschneiden) können bei Alu angewendet werden. Allerdings ist die Stahl-Reißnadel durch den Bleistift zu ersetzen. Das Abkanten und Rundwalzen dünner Alu-Bleche geschieht ausschließlich bei Raumtemperatur. Die durch die Kaltumformung eintretende Verfestigung des Werkstoffes ist meist erwünscht. Zum Biegen werden kalt und warm ausgehärtete Legierungen 10 Minuten bei 100 bis 200 °C erwärmt, da die ursprüngliche Festigkeit nach dem Erkalten wieder erreicht wird. Durch Warmabkanten dicker Bleche sind kleinere Radien möglich. Die Kurven der Abwicklungen werden auf Maschinen mit Kreismessern geschnitten. Wir sollten das Sicken zur Versteifung von Alu nicht vergessen. Etwa 15prozentiges Natriumhydroxid (Natronlauge) ist bei etwa 80 °C in der Lage, Ausnehmungen bei Alu-Blechen herauszuarbeiten. Wegen seiner Oxydhaut wird Alu unter Schutzgas MIG oder WIG (und durch Gasschmelzschweißung) verbunden.

Recycling. Bei der stofflichen Wiederverwertung von gebrauchten Aluminium-Produkten erspart das Einschmelzen zum Sekundärmetall bis zu 95% der Energie, die für die erstmalige Erzeugung aus Erz erforderlich war. Wasserturbinen haben mit 90 bis 95% den höchsten Wirkungsgrad gegenüber anderen Energieressourcen und werden mit erneuerbarer sowie emissionsfreier Wasserkraft angetrieben. Sie ist nach Angabe der Aluminium-Zentrale, Düsseldorf mit 61% die für Primäraluminium der westlichen Welt am meisten eingesetzte Energiequelle. Die 95% mehr aufgewendete Energie für Primäraluminium geht nicht verloren, da sie im Metall gespeichert bleibt und so die Energie aus Wasserkraft exportieren kann. Die erstmals investierte Energie bleibt im Aluminium erhalten und wird im Falle der stofflichen Wiederverwertung an die nächste Produktgeneration weitergereicht.

Blei (Pb)

Blei, lateinisch Plumbum, ist (mit dem MAK-Wert 0,1 mg/m^3 Luft) beim Schweißen ein gefährlicher Arbeitsstoff. Seine BAT-Werte sind für die (schmerzlose) ärztliche Vorsorgeuntersuchung in der Stoffliste enthalten. Bevor wir uns für die Herstellung von Bleiteilen entschließen, sind die Bestimmungen in der UVV-VBG 15 bezüglich der Belüftung von Werkstatt und Arbeitsplatz unbedingt zu lesen. Rauchen und Nahrungsaufnahme während der Arbeit muß verboten und überwacht werden. Händereinigung vor der Nahrungsaufnahme in den Pausen ist zwingend notwendig. Wenn diese Vorschriften befolgt werden, ist das Arbeiten mit Blei absolut ungefährlich.

Kupferfeinblei (Pb 99,9 Cu) mit 0,04 bis 0,05 % Kupfergehalt wird besonders in Chemiebetrieben eingesetzt. Die bessere Korrosionsbeständigkeit von kupferhaltigem Blei gegenüber unlegiertem Blei beruht darauf, daß Kupfer in Blei wenig löslich ist und an ausgeschiedenen Kupferteilchen eine Sauerstoffreduktion ablaufen kann, die zur schnellen Ausbildung einer schützenden Sulfatschicht auf dem Blei führt.

Die Beständigkeit von Blei gegen Bor-, Chrom-, Phosphor- und Schwefelsäure ist ausgezeichnet. In der Chemie-Industrie und der Galvano-Technik wird Blei eingesetzt für Apparate mit großen profilstahlverstärkten Oberflächen aus dicken Blechen sowie dünnen Blechauskleidungen für Behälter aus Stahl, Holz und Beton. Rohrleitungen aus Blei dienen insbesondere dem Transport von schwefeldioxidhaltigen Gasen und werden bis zu 400 mm Durchmesser stranggepreßt. Hartblei (mit Antimon) wird vorteilhaft da eingesetzt, wo bei niedrigen Temperaturen geringe Korrosionsbeanspruchungen zu erwarten sind und eine Verbesserung der mechanischen Eigenschaften erwünscht ist.

Gegossene Hartblei-Bleche mit Dicken von 5 bis 20 mm sind spanlos und spanabhebend formbar. Geschweißt wird mit Bleidraht von 3 bis 20 mm Durchmesser, der aufgerollt ist. Blei ist sehr weich und wird für Bedachungen in Dicken von 1,25; 1,5; 2,0 und 3,0 mm mit je 1000 mm Breite gewalzt und bis 50 kg Gewicht aufgerollt oder 200 bis 400 mm breit geliefert. Zum Handhaben der Bleche von 2 bis 20 mm wird eine selbstgebaute Zange aus zwei Hebeln mit der Gesamtübersetzung 1 zu 4 verwendet, die keine Druckstelle am senkrecht transportierbaren Bleiblech hinterläßt. Mit zwei Zangen lassen sich fertig geschweißte Auskleidungen aller Metalle und Kunststoffe in die Behälter einsetzen.

Die 800 Jahre alte Bleieindeckung der Neuwerkskirche in Goslar ist heute noch intakt. Moderne Neubauten mit architektonisch gewollten kompliziert verwinkelten Dächern und Attiken, werden mit Bleiblech gedeckt. Unter Denkmalschutz stehende historisch bedeutende Gebäude haben oft Bleidächer und Gesimse, deren kritische Stellen repariert werden müssen. Die Durchdringungs-Kanten der Turmhelme, Zwiebeltürme und Kuppeln sowie die runden und viereckigen Verwahrungen bei den Dächern können von uns genau aufgerissen und abgewickelt werden. Für „Schare" der Fassadenverkleidungen werden Bleche (Pb 99,94 Cu) im Standardformat 1500 × 620 mm mit Dicken von 1,25 bis 2 mm geliefert.

Bleiblech kann durch Hämmern und Biegen kalt in jede Form gebracht werden, wobei es sich plastisch verformt ohne aufzureißen. Durch Kaltverformung erhält Blei keine Erhöhung seiner Festigkeit. Dünnes Bleiblech wird gelötet. Dicke Bleibleche müssen geschweißt werden, und zwar mit Wasser-/Sauerstoff-Brenner. Durch manuelles Blei-Auftragschweißen können von tüchtigen Schweißern kleine Durchdringungen aus Stahl mit guter Wärmeleitung und hoher thermischer Belastbarkeit gefertigt werden. Um die metallische Bindung zwischen beiden Metallen zu erzielen, muß der Stahl vorher verzinnt werden.

Für Dachdecker und Klempner mit praktischen Vorkenntnissen werden zur Bleiverarbeitung dreitägige Grund- und Aufbaulehrgänge mit Schweißdemonstrationen angeboten.

Kupfer (Cu)

Kupfer-Nickel-Legierungen zeichnen sich durch einen hohen Widerstand gegen Erosion und Kavitation aus, insbesondere in Seewasser, und werden meistens im Schiffbau sowie in der Offshore-Technik eingesetzt. Sie sind leicht warm- und kaltverformbar und haben eine gute MIG- und WIG-Schweißbarkeit. CuNi-Legierungen sind nicht magnetisierbar.

Kupfer-Aluminium-Legierungen haben hohe Festigkeiten und gleichzeitig sehr gute Korrosionsbeständigkeiten gegen neutrale und saure wäßrige Medien sowie Meerwasser. Sie sind resistent gegen Erosion und Kavitation. Sie haben eine hohe Zunderbeständigkeit und sind gut schweiß- sowie warmumformbar. Die Kaltverformbarkeit fällt mit steigendem Alu-Gehalt deutlich ab. Einsatzgebiete: Beiz-, Entsalzungs-, Kali- und Chemie-Anlagen.

Kupfer-Zink-Legierungen besitzen mittlere bis hohe Festigkeiten bei mittlerer Korrosionsbeständigkeit. Sie sind gut warmumformbar, aber ihre Kaltverformbarkeit kann je nach Legierung eingeschränkt sein. Sie sind lötbar, jedoch zum Schweißen nicht geeignet.

Phosphor-desoxidiertes-Kupfer ist „sauerstofffrei" und trägt daher die Bezeichnung SF-Cu. Seine Warm- und Kaltumformbarkeit sowie seine Löt- und Schweißbarkeit sind hervorragend. Eingesetzt wird es für mittlere chemische Beständigkeit bei geringer Festigkeitsanforderung. Im Bauwesen wird ausschließlich SF-Cu eingesetzt.

Lieferbar sind Bleche: kaltgewalzt/blank, warmgewalzt, gebeizt oder geglüht (in mm)

CuNi 1800 × 4000 × 2–3 und 2000 × 6000 × 3–12 sowie 3000 × 6000 × 12–60; max. 130
CuAl 1500 × 5000 × 3–12 und 1200 × 2000 × 10–15 sowie 1500 × 3000 × 15–20; max. 100
CuZn 1000 × 3000 × 2–3 und 1800 × 5000 × 3–12; maximal 150 mm dick
SF-Cu 1250 × 3000 × 0,4–2 und 2000 × 6000 × 2–8 sowie 2200 × 6000 × 8–12; max. 60

Rohre nahtlos aus drei Legierungen,
Außendurchmesser × Dicke, 75 × 1,5–10 bis 420 × 3–15.
Profilbahnen aus SF-Cu 0,6 dick für Dach und Wand 457 breit, 17 m lang.

Die steilen Kupfer-Dachflächen aus dem Jahre 1897 vom Rathaus in Hamburg blieben bis heute funktionstüchtig erhalten. Das älteste noch vorhandene Kupferdach ist auf dem Dom in Hildesheim zu finden und stammt aus dem Jahre 1280. Trotzdem harren viele Dächer und Türme in Kupferbedeckung noch der Inspektion und Reparatur, weil die Erfahrungen im Dachdecken damals noch nicht im Umfang von heute vorlagen. Bitumenflächen über Kupfer zu entwässern ist ein Konstruktionsfehler. Halterungen für Blitzableiter aus Stahl oder verzinktem Stahl, die mit Kupfer in Berührung kommen, führen zur Korrosion. Blitze werden vom Kupferdach nicht angezogen, aber besonders gut abgeleitet. Der Zusammenbau von Kupfer und Aluminium ist problematisch wegen elektrochemischer Korrosion. Verbindungen von Kupfer mit Blei oder Edelstahl-Schrauben sind unbedenklich.

Alle Schare von Kegel-, Kuppel- und Zwiebel-Türmen müssen ein Vieleck im großen Durchmesser bekommen mit der größtmöglichen gleichen Blechbreite. Im kleinsten Turmquerschnitt darf die Scharenbreite nicht kleiner als 50 mm sein, damit eine einwandfreie Falzung noch möglich ist. Besonders auch die sich durchdringenden Gehrungen von konvex und/oder konkav gerundeten Scharen sind von uns exakt aufzureißen und abzuwickeln. Ent- und Belüftungshauben sowie Anschlüsse für Dachventilatoren entsprechend den Nummern 27 und 28 und Kragen für Dachdurchdringungen nach Nr. 29 dieses Buches verstehen wir abzuwickeln.

Die Halbzeuglieferanten bieten in ihren Schulungszentren neben der Vermittlung von theoretischen Kenntnissen vor allem auch praktisches Arbeiten in verschiedenen Schwierigkeitsgraden an. Das Weich- und Hartlöten sowie Schweißen von Kupfer wird eingeübt. Auch Verbände und Innungen führen entsprechende Kupfer-Lehrgänge durch.

Platin (Pt)

Platin: Dichte 21,45 g/cm³, Schmelzpunkt 1773 °C.
Platin-Gold-Legierung PtAu 95/5: Schmelzintervall 1675–1745 °C. Gold: Schmelzpunkt 1063 °C. Der Goldanteil von 5% verringert die Benetzbarkeit gegen die Glasschmelze im Tiegel, so daß das erstarrte Glas leicht ohne Rückstände herausgelöst werden kann. Zusätzlich wird die mechanische Festigkeit erhöht und die Rekristallisationsneigung verringert. Diese Eigenschaften prädestinieren diesen Werkstoff für den Aufschluß von Proben für die Röntgenfluoreszenz-Analyse.

Bei Platin-Rhodium-Legierungen PtRh 90/10 und PtRh 80/20 nehmen mechanische, thermische und korrosive Beständigkeit mit steigendem Rhodiumanteil zu. Sie haben den Vorteil, daß auch in oxidierender Atmosphäre nur ein Minimum an Gewichtsverlust eintritt. Rhodium: Schmelzpunkt 1966 °C. PtRh 90/10: Schmelzintervall 1840–1870 °C. PtRh 80/20: Schmelzintervall 1870–1910 °C. Reinplatin und Platinlegierungen sind duktil (dehnbar) und gut schweißbar, wenn die entsprechenden Empfehlungen beachtet werden. Bleche mit Dicken von 2,0; 1,0; 0,5; 0,2 und 0,1 mm werden auf Bestellung nach den Wünschen des Kunden gewalzt und direkt ab Werk – nicht über Großhändler – verkauft.

Platinlegierungen werden in den Schmelzwannen der Glashütten, vor allem bei kontinuierlicher Heißfertigung, eingesetzt. Beim Schmelzen von Glas liegt die Temperatur bei 1300 bis 1600 °C. Als Trennung zwischen Schmelz- und Arbeitswanne oder zwischen Wanne und Vorherd, werden mit Platin umhüllte Brücken in die Oberfläche der Glasschmelze eingebaut. Die Rinnen und Speiserköpfe mit Schamotteausmauerung sind mit Platin ausgekleidet, die Speisernadeln aus Stahl mit Platin umkleidet. Auslaufdüsen-Steine werden mit Platin ummantelt oder aus Platin-Vollmaterial hergestellt. Frei fallende Glas-Tropfen werden von einer Stahlrinne mit Platin-Auskleidung aufgefangen und der Glas-Automatenfertigung übergeben. Bei der Herstellung von Glasfasern und Glaswolle kommen Schmelzwannen aus Platin zum Einsatz. Platin ist noch teurer als Gold, so daß Handwerksmeister und mittelständische Betriebe die Platinbleche nicht wie üblich vorfinanzieren können. Von den Glashütten wurde Platin vermutlich schon über Leasing finanziert. Auch leistungsstarke Glashütten fürchteten den Einsatz von Platin wegen des finanziellen Risikos. Nach ersten Erfolgen mit Platin bei der maschinellen Heißfertigung von Glas wurde jedoch der Ausweg in einer alles umfassenden Kalkulation gefunden.

Leider können fertige Glasartikel bei thermischen und mechanischen Belastungen durch „Steine" zerbrechen. Kleinste Steinchen werden durch die Glasschmelze aus dem hochhitzebeständigen Mauerwerk von Wanne, Rinne und Speiserkopf herausgelöst und zerstören im Laufe der mehrjährigen „Ofenreise" das Mauerwerk, so daß sie ins Glas gelangen. Die Kalkulation der Platinauskleidung umfaßt folgende Kosten: Produkte mit Steinen, verlängerte Wannenreise, hinausgezögerte Produktionsunterbrechung und mehrfache Benutzung des Ofenmauerwerkes. Vor allem ist zu kalkulieren, daß Platin bis auf geringfügige Abtragungen an der Oberfläche unzerstört bleibt und recycelt werden kann. Für die nächste Reparatur der Glaswanne entfällt dann die überaus hohe Investition für Platin.

Bevor wir Abwicklungen und Durchdringungen aus Platinteilen einer Glashütte anbieten, müssen wir praktische Erfahrungen und Referenzen gesammelt haben im Auskleiden von Behältern und Wannen mit Blei, weil beide Werkstoffe dehnbar sind. Wir müssen auch garantieren, daß Blei und Platin in unserer Werkstatt auf gar keinen Fall miteinander in Berührung kommen. Schon kleinste Bleipartikel auf der Platinoberfläche bilden eine niedrig schmelzende Legierung, die örtlich zur Versprödung mit Rißbildung führt.

Wegen der hohen Kosten von Platin muß der absolute Schutz vor Diebstahl gewährleistet sein. Wir sollten uns um diese speziellen Aufträge von Glashütten bemühen.

Kunststoffe, Eigenschaften und Recycling

Außer Stahl und Nichteisenmetallen kommen auch thermoplastische Kunststoffe bei der Herstellung von Abwicklungen und Durchdringungen zur Anwendung. Duroplastische (lateinisch: durus = hart) Kunststoffe erhärten für immer nach der plastischen Formgebung, sind nur spangebend zu bearbeiten und nicht schweißbar. Sie sind daher für unsere Arbeiten ungeeignet. Selbst im Vergleich zu Aluminium sind die Kunststoffe noch sehr jung. Erst im Jahre 1934 wurde PVC-weich und 1936 PVC-hart in Form von Platten hergestellt. PVC-Fußbodenbeläge gibt es seit 1937. PVC-Fensterprofile wurden erstmals 1954 produziert. Die Kunststoffe werden in verschiedener Weise aus Kohle, Erdöl oder synthetisch hergestellt und besitzen makromolekulare Verbindungen, die in der Natur nicht vorkommen.

PVC-hart, PE, PP und PVDF werden besonders in der chemischen Industrie eingesetzt. Sie härten nicht aus (wie Duroplaste) und können warm verformt werden. Dies kann mehrmals geschehen, wobei sie immer wieder ihre Ursprungshärte erreichen. Hierbei tritt keine chemische Veränderung ein, aber ihre mechanischen Eigenschaften können schlechter werden. Das Verhalten der Kunststoffe ist bei Einwirkung von Chemikalien nicht zu vergleichen mit der chemischen Beständigkeit von Metallen. Die polymeren Kunststoffe haben große, miteinander verzahnte Molekülketten mit relativ großen Zwischenräumen, in die die kleineren Gas- und Flüssigkeitsmoleküle eindringen und sich im gesamten Werkstoff einlagern. Die so entstehenden chemischen Veränderungen sind im Werkstoff nicht umkehrbar. Physikalisch wirkende Medien dringen in kleinste Lunker ein und bringen den Kunststoff zum Quellen, was durch Trocknen zum Teil rückgängig gemacht werden kann.

Die Halbzeuglieferanten verfügen über reichhaltige Erfahrungen und liefern Listen über das chemische Verhalten ihrer Kunststofftypen. Ein Handbuch z. B. hat 150 Seiten mit über 10 000 Aussagen über die chemische Beständigkeit von PVC. Hieraus geht klar hervor, daß wir die Auswahl der Kunststofftypen dem Besteller der Abwicklungs- und Durchdringungsteile überlassen müssen, zumal durch mechanische und/oder hydraulische Belastungen Spannungsrißbildung hinzu kommt, die den Widerstand des Werkstoffes weiter schwächen kann. Diese Belastungen müssen wir errechnen und demjenigen mitteilen, der die Auswahl des Werkstoffes verantwortet. Die chemischen Beständigkeiten gegenüber den in den Listen angegebenen Agenzien und Temperaturen gelten nur ohne diese Belastungen.

Die von uns zu verwendenden Kunststoffe sind kleb- und/oder schweißbar. Acrylglas und Polycarbonat (PC) können nur geklebt werden. Die Hersteller der Halbzeuge und die Spezialfirmen für Kleber und Klebebänder liefern für alle Kunststofftypen verschiedenartige Kleber und Dichtstoffe. Für viele von uns sind die Überlapp- und Stoßverbindungen Neuland. Die Halbzeughersteller geben Skizzen über Klebverbindungen heraus und beraten uns in allen Fragen der Verarbeitung ihrer Kunststoff-Typen.

Recycling. Seit dem Jahre 1988 werden Recycling-Fensterprofile hergestellt. Sie bestehen aus Ausschußprofilen der Extrusion, Reststücken die beim Zuschnitt abfallen und ausgebauten PVC-Altfenstern. Die Arbeitsgemeinschaft PVC-Bodenbelag-Recycling hat die Initiative für vorbildliche Produktqualität und Umweltschutz ergriffen. In beiden Fällen wird ein spezieller Kunststofftyp der Wiederverwendung zugeführt. Ein Kunststoffhersteller hat seinen Kunden einen Rücklaufservice für typenreinen Fertigungsabfall eingerichtet. Die hieraus entstehenden Recyclate sind in sechs Typen getrennt für nicht kritische Anwendungen in weiten Einsatzbereichen. Hiermit ist ein werkstofflicher Kreislauf über mehrere Produktgenerationen hinweg ermöglicht. Ziel ist die Identifizierung aller Typen (Farbkennfäden in oder Beschriftung auf den beiden Längsseiten?).

Da bei Abwicklungen und Durchdringungen viel Abfall entsteht, sollten wir uns am Recycling beteiligen, obwohl noch keine Vergütung wie bei Altmetall gezahlt wird.

Polyvinylchlorid (PVC)

PVC-hart wird in etwa 20 Typen mit Dichten von 1,3 bis 1,6 g/cm^3 gepreßt oder extrudiert und ist nur halb so schwer wie Leichtmetall. Alle PVC-Typen sind warmformbar sowie kleb- und schweißbar. Sie haben die Farben rot, grau, schwarz, weiß und elfenbein oder sind glasklar. Die gezielt abgewandelten PVC-Typen besitzen u. a. folgende verbesserte Eigenschaften: Normal schlagzäh (PVC-U) Temperatur-Anwendungsbereich bis 60 °C – erhöhte Schlagzähigkeit von 60 bis −20 °C – schwer entflammbar – UV-Stabilisierung – geeignet für den Kontakt mit Lebensmitteln und Trinkwasser – chloriert für Einsatz bei Dauertemperatur über 60 °C bis max. 90 °C – widerstandsfähig bei Chlorbelastung. PVC-hart ist bis 60 °C beständig gegenüber: Kali- und Natronlauge, Salpeter-, Salz- und Schwefelsäure sowie vielen anorganischen und organischen Medien.

Herstellmöglichkeiten aus PVC-hart: Für Klima- und Lüftungsanlagen – runde und eckige Rohrleitungen. Für Labors – Becken, Tische, Abzughauben. Für den Chemieanlagenbau – Kolonnenschüsse mit Rohrstutzen und Einlauftrichter, Glockenböden und Tragroste. Für Chemiebetriebe sowie die Galvano-, Beiz-, Ätz- und Phototechnik – Apparate, freistehende Behälter, Wannen und „Küvetten" (schmale hohe Behälter) sowie Auskleidungen von Stahlbehältern oder die Armierung von PVC-Teilen durch Glasfasern.

Lieferbar in den gängigen Farben sind: Preßtafeln 2000 × 1000 mm mit 0,5 bis 30 mm Dicke, Extrudertafeln 2000 × 1000 mm mit 1 bis 30 mm Dicke und Extrudertafeln 3000 × 1500 mm mit 2 bis 25 mm Dicke sowie Schweißzusätze für alle PVC-Typen, Dreikant 5 bis 8 mm 2000 mm lang und Rund 2 bis 5 mm Durchmesser 1000 mm lang.

Verarbeitung: PVC-hart kann mit Kreis- und Bandsägen für höhere Schnittgeschwindigkeiten getrennt werden, die bei der Holzbearbeitung üblich sind. Abkanten mit Warmgasrunddüse ist möglich. Lange dünne Tafeln sind mit Glühdrahtheizer abkantbar, für Rechteckrohre an vier Stellen gleichzeitig. Das Abkanten dicker Tafeln mit größeren Radien erfolgt nach der Erwärmung auf 120 bis 140 °C mit einem Breitstrahler-Heizgerät in selbst gefertigten Biegeformen. Zum Umformen wird die aus einer PVC-hart Tafel gesägte Abwicklung im Wärmeschrank etwa 2 min/mm Plattendicke auf etwa 135 °C erhitzt und anschließend durch „Senken" über einem Kegelstumpf (mit aufsetzbarer Spitze) heiß gebogen.

Schweißbar sind alle PVC-hart Typen mit artgleichen Schweißzusätzen (in den gängigen Farben), ohne daß nennenswerte Eigenschaftseinbußen eintreten. Warmgas Fächel- oder Ziehschweißungen erfolgen bei etwa 350 °C mit Runddüse oder Ziehdüse für Rund- und Dreikant Schweißzusätze. Die bei Stahl üblichen Schweißnahtformen werden auch bei Kunststofftafeln angewandt. V- und X-Stumpfstöße werden mit Rund- und Ziehdüse, Stumpfstöße mit Heizelementen bei 215 bis 240 °C geschweißt. Genaue Werte für alle Schweißarten wie Warmgas- oder Heizelement-Temperatur, Angleichdruck, Angleichzeit, Anwärmdruck, Anwärmzeit, Umstellzeit, Fügedruck und Fügezeit sind von den Herstellern der Tafeln und Schweißzusätze erhältlich. Werden die Verarbeitungs-Richtwerte sowie die DSV 2207 eingehalten, sind Schweißfaktoren über 0,9 selbst bei 60 °C Werkstücktemperatur erreichbar, allerdings nur von ausgebildeten Schweißern. (DSV = Deutscher Verband für Schweißtechnik).

Sicherheitshinweise. Bei Staubanfall durch Spanen oder Schleifen von PVC ist für eine ausreichende Absaugung zu sorgen. Ein Atemschutz durch Halbmaske (mit Feinstaubfilter der Schutzstufe II A) ist nur notwendig, wenn beim Warmumformen die technische Richtkonzentration von 5 mg/m^3 überschritten wird. Bei länger anhaltender Temperatureinwirkung über 180 °C kann bei PVC Chlorwasserstoff (MAK 7 mg/m^3) austreten. Nach heutigem Kenntnisstand entstehen beim Schweißen keine gefährlichen Zersetzungsprodukte, wenn die empfohlenen Temperaturwerte beachtet werden. Generell ist zu empfehlen, in der Werkstatt für eine ausreichende Lüftung (kein Durchzug) zu sorgen.

Acrylglas, PE, PP, PC, PVDF und PTFE

An die Verarbeitung dieser Kunststoffe sollten wir uns heranwagen, denn sie sind dann von großer Bedeutung, wenn praktische Erfahrungen und Erfolge mit Polyvinylchlorid (PVC) schon erreicht wurden.

Acrylglas ist durchsichtig wie Glas, ist bis zur Temperatur von 70 °C anwendbar und kann geklebt werden. Lieferbar sind Tafeln von max. 3050 × 2050 mm bei Dicken von 2 bis 18 mm. Rohre werden hergestellt bis 3100 mm Länge mit Außendurchmessern von 300, 450 und 650 mm bei Wanddicken von 4 bis 10 mm sowie in Längen von 2 und 4 Metern mit 27 unterschiedlichen Außendurchmessern von 5 bis 200 mm bei entsprechenden Wanddicken.

Polyethylen (PE) hat einen Temperatur-Einsatzbereich bis 80 °C und behält seine Schlagzähigkeit bei bis −80 °C. PE ist physiologisch unbedenklich, entsprechend den Bestimmungen des geltenden Lebensmittelgesetzes. Rohre und Formstücke von 90 bis 630 mm Außendurchmesser (max. 1600 mm) sind lieferbar.

Polypropylen (PP) liegt mit seiner Anwendung bis zur Temperatur von 90 °C etwas höher und ist mit seiner Festigkeit und Wärmebeständigkeit besser als PE. Deshalb wird PP für ähnliche Auskleidungen verwendet wie PE. Beständig ist PP besonders gegenüber Natronlauge und Salzsäure im heißen Zustand.

Polycarbonat (PC) ist durchsichtig und bleibt im Temperaturbereich von 115 °C bis −40 °C schlagzäh. Aus PC wurde ein Polymer-Typ entwickelt, der kleb- und warmformbar ist. Die PC-Tafeln werden geliefert mit 2050 mm Breite bei 3 bis 12 mm Dicke sowie mit 3000 und 6000 mm Länge.

Polyvinylidenfluorid (PVDF) besitzt einen Temperatur-Anwendungsbereich bis 120 °C. PVDF hat eine gute Widerstandsfähigkeit gegenüber aromatischen und chlorierten Kohlenwasserstoffen und ist bis 100 °C beständig gegen Salz- und Salpetersäure sowie Schwefelsäure von 120 bis 100 °C.

Polytetrafluoräthylen (PTFE) nimmt wegen seiner einmalig hohen chemischen Beständigkeit eine Sonderstellung ein. Die Entwicklung des chemischen Apparatebaues mit Borosilicatglas bis Nennweite 1000 mm bei der Gebrauchstemperatur von 200 °C ist eng mit PTFE verbunden. Wir benötigen PTFE-Dichtungen in vielfältigen Einsatzformen für Rohrflansche, wobei allerdings das starke Fließen berücksichtigt werden muß.

PE, PP und PVDF sind wie PVC mit Schweißzusätzen ähnlich den jeweils zu schweißenden Grundwerkstoffen, oder mit Heizelementen schweißbar.

Abwicklungen können mit Tafeln aus Acrylglas und Polycarbonat gemäß den Nummern 36, 55 und 58 dieses Buches für den Übergang vom Gebläse zur Rohrleitung durch „Senkformen" hergestellt werden. Das Senkformen erfolgt ohne Vortrocknung bei 150 °C. Eines der vier kegelförmig zu biegenden Übergangs-Teile wird auf 150 °C erwärmt und heiß auf einen halben Kegel gelegt, wobei sich die beiden Enden auf die Kegeloberfläche senken. Nach dem Anpassen werden die acht Teile zusammengeklebt. Bei den Nummern 31 und 53 wird nur jeweils eine halbe Abwicklung auf einem Kegelstumpf gesenkt. Die Trennung in zwei Hälften erfolgt bei Nr. 31 an der Mantellinie 5 bis 14, damit die Linie 1 bis 10 oder 9 bis 18 beim Senken genau in Längsrichtung des Kegelstumpfes liegt. Das Hosenstück Nr. 33 und 54 wird auf der Mantellinie 5' und 14' getrennt und mit Linie 1' und 1" sowie 9' und 18' aufgelegt. Die vier Trennstellen werden miteinander verklebt.

Durchdringungen für statische und dynamische Modelle zur Demonstration auf Industrie-Messen werden mit Rohren aus Acrylglas, PVDF oder PVC-hart gefertigt, die gut zu verkleben sind. Für beide Kunststoffe bieten mehrere Hersteller zum Fügen verschiedene Kleber an, bei denen verschärfte Arbeitsschutz-Vorschriften einzuhalten sind. Acrylglas- und PC-Tafeln werden zum Abkanten bei 125 °C vorgetrocknet.

Bildverzeichnis

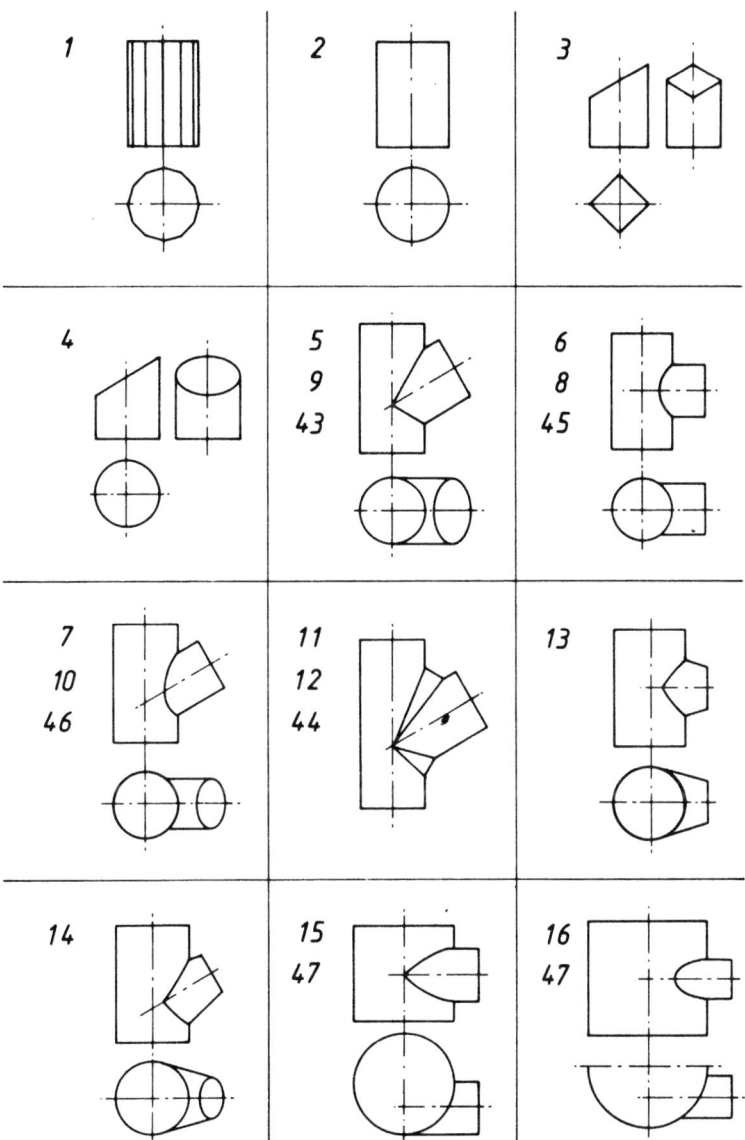

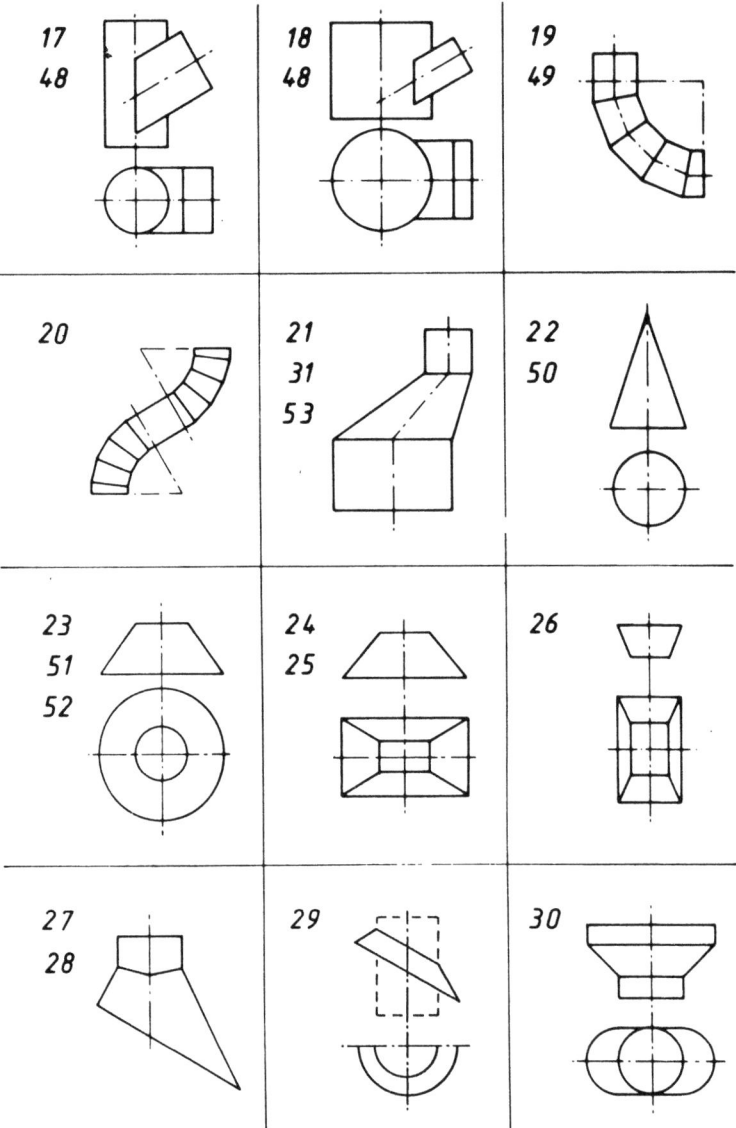

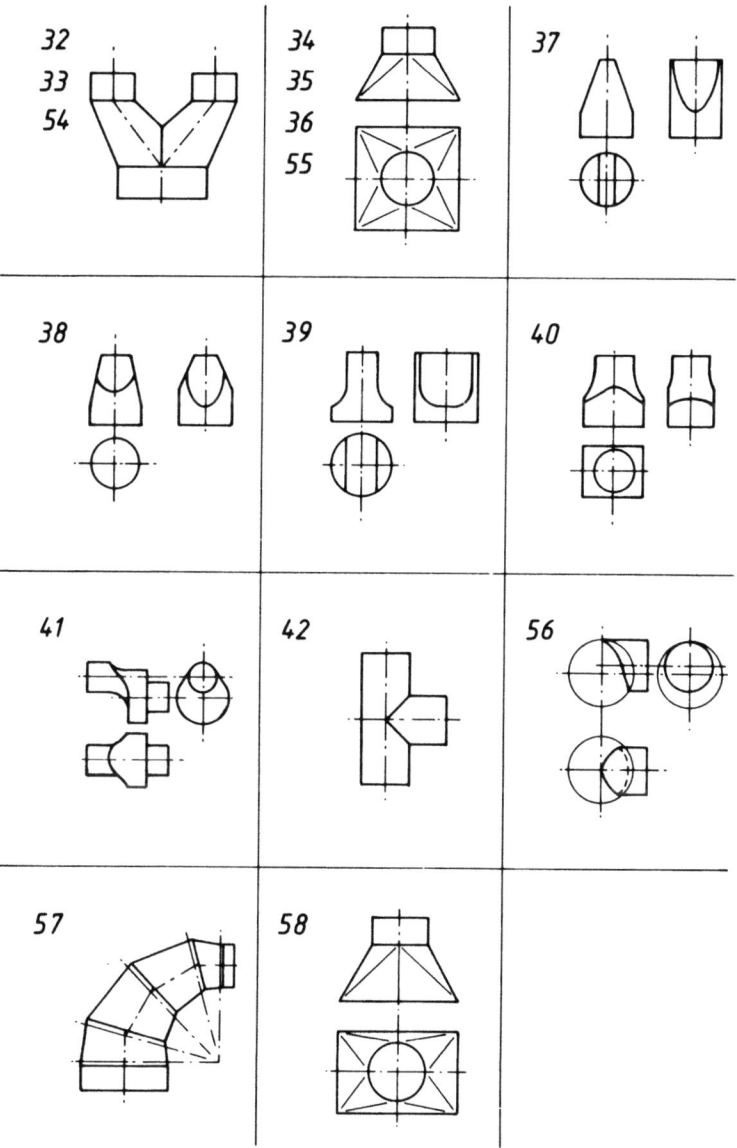

Sachverzeichnis

Die nachstehenden Hinweiszahlen beziehen sich auf die Abschnittsnummern.

Abgestumpfte Pyramide	24 u. 25
Abzughaube	27 u. 28
Behälter	26
Durchdringung von Rohr und Kegel	13 u. 14
Durchdringung von Rohr und Vierkant	17, 18 u. 48
Einlaufkasten für zwei Rohre	30
Etagenbogen	20
Exzenter (massiver Körper)	41
Hosenstück	32, 33 u. 54
Kegel	22 u. 50
Kegelstumpf	23 u. 51
Kegeliger Rohrschuß	52
Konischer Rohrkrümmer 90°	57
Kragen	29
Kugelanschluß	56
Rohrabzweig 90°	6, 8, 42 u. 45
Rohrabzweig, schräg	5, 7, 9, 10, 43 u. 46
Rohrabzweig mit gebrochenen Kanten	11, 12 u. 44
Rohrkrümmer 90°	19 u. 49
Rohr mit außermittigem Stutzen	15, 16 u. 47
Schräg abgeschnittenes Vierkant	3
Schräg abgeschnittenes Rohr	4
Stangenenden (massive Körper)	37, 38, 39 u. 40
Übergangsstück bei Rohren verschiedener Durchmesser	21, 31 u. 53
Übergangsstück von Rund auf Vierkant	34, 35, 36 u. 55
Übergangsstück von Rund auf Rechteck	58
Zwölfkantiges Prisma	1
Zylinder	2

If you have any concerns about our products,
you can contact us on
ProductSafety@springernature.com

In case Publisher is established outside the EU,
the EU authorized representative is:
**Springer Nature Customer Service Center GmbH
Europaplatz 3, 69115 Heidelberg, Germany**

Printed by Libri Plureos GmbH
in Hamburg, Germany